U0782323

Spiritual Culture
青心文化

在阅读中疗愈·在疗愈中成长

READING & HEALING & GROWING

全新修订本

富在工作

豊かに成功するホ·オポノポノ

［美］伊贺列卡拉·修·蓝
［日］河合政实 著
刘滌昭 译

中国青年出版社

目　录

零极限会让你遇见美好的自己

行动派　琦琦
行动派社群创始人

　　从接触零极限的那一年开始，我的人生有了量级的变化。

　　从原本的普通白领转变为财经杂志的副主编，之后转公关行业拿下了行业的奖项后，我开始进入互联网行业创业。现在，行动派社群已经在两年的时间内成为百万规模的学习型社群，而我也因此找到了我的人生使命……这些看起来需要花费很大代价的人生转变，其实都在这短短几年内发生，而转变的开始就在我接触和学习了零极限之后。

　　那时候，我的心灵导师依娜姐姐向我推荐了《零极限》这本书，她告诉我这本书对她产生了巨大的影响，她现在每天都在实践，也感觉生活有了令人惊喜的变化。我抱着懵懂的好奇心，开始阅读和实践"零极限"，从刚开始遇到事情的时候就零极限，到后来每隔几个月零极限，再到经常性地零极限，现在我每天都零极限，每时每刻只要想起来我就会立刻零极限，它已经成为我生活中如同身体一般的存在。

在不断精进零极限的日子里，越学习越实践，我越能感受到它内涵里的博大精深和运用上的简单轻松，也因此有机会源源不断地得到更多的灵感和运气，支持我在生活和事业上有一种"谁的人生给我我都不换"的幸福感。

零极限对我影响最大的启发有两个。

1. 对自己发生的一切负起百分之百的责任

过去的我总是很难想象为什么负责任的那个人必须是我自己？我想任何一件事情的发生对方都是有责任的，甚至很多时候我会觉得大多是对方或是别人的责任，而我更像是一个无辜的群众或是受害者。可是，在尝试着面对每一次体验，尤其是不够好的体验时，我不再把自己当成一个旁观者、评判者，而是第一时间想，我来负责任，我能够为这件事情做什么。我发现，世界会在瞬间转变。

在这么想的当下，我突然看到自己是可以为这个体验或事件本身去做一些事的，可能是多一句鼓励，可能是多一点有益于他人的行动。总之，我突然发现自己是有推动一切事情朝着更好方向去走的权利的。每当零极限的时候，我就决定开始要为眼前发生的事情负责任，也因此使遇到的事情在很短的时间里得到解决，自己的感受或体会也会很快地得到美好的扭转。不再执迷于评判和抱怨的感觉极其美妙，快乐多了，我也更加成熟和柔软了。

2. 当世界安静下来的时候，你会听见灵感的声音

我在做财经记者的时候，采访过很多胡润榜上的企业家，其间我常常问他们的问题是，你是如何做那些重大的人生决定和事业决定的？很多人都以为会是数据、调研或者基于一切分析或者判断，而我最常听到的回答竟然是——直觉。是的，看起来很虚无，但却是最真实有效的答案。

　　当我们都忙忙碌碌的时候，我们跟着信息的风潮，跟着风口的方向，跟着名人或前辈的步伐，跟着媒体每天忽左忽右的口风，难道这就是我们做人生决定的先决条件吗？但往往这样做得到的结果却并不尽如人意。那些支持了绝大多数传奇企业家一路向前的灵感到底在哪里？佛家说，定能生慧。真正了解实质并不一定非要置身在信息的漩涡中，反而是那些有大量时间思考和独处的人，当他们安静下来时，就会听见灵感的声音。零极限就是这样一种能够帮助你安静下来，听到灵感的方法。

　　在实践了零极限后，当我做好了自己的准备工作，剩下的部分就不再去期望也不再去刻意推动，无论是谈判还是会面或是去处理什么样的问题，我都零极限，每一次都无一例外的，会让我听到灵感的声音，当我跟随着这个声音而行动的时候，无论这个灵感是一句话、一个问候、一个细心的动作还是一本书的推荐，都会给处在当下的我带来特别美好的转折，让一切都朝着比预想还要好的方向发展。我轻松上阵，轻松面对，只需零极限，灵感就能源源不断地浮现。这是我的生活，也是我钟爱的生活方式。

2016年，在有幸引进零极限的课程到中国后，我终于圆了自己多年的梦想，跟随零极限在全球为数不多的老师们进行学习，每一次学习都让我更加深入地了解了零极限，也感受到修·蓝博士清理的能量。我想，只要我有时间，我就会跟随学习每一次的课程，每一次都可以借由修·蓝博士远在美国的清理，看到更加纯粹的自己。

而我也在进一步学习零极限的过程中，无意中发现，最好的学习方式是把零极限的书全部都看一遍。在过去几年里我都只看一本《零极限》，反复看，但是始终觉得还不够了解零极限真正的含义。今年，我买下了目前市面上所有的零极限书籍，开始进行认真的主题阅读，这使我对零极限的了解变得更加立体和深刻。一本书只是零极限的一个面，而当我们尽可能地多读零极限系列的图书时，就可以更多维度地了解这个法门为何如此影响我们的内心，影响我们的人生。

　　希望有越来越多的人了解和走进零极限。当你开始运用零极限的时候，你的世界已经开始不同。你还是你，只是看到了更美好的自己。

清理，让工作为你创造富足人生

心理咨询师吴依娜

受当今社会大环境的影响，无论处在哪个年龄段，哪个社会阶层的人，几乎都要面对工作、事业上的压力。我们很容易在工作出现问题时去追究和争论，也养成了一种分析和判断的思维方式，但是这些大多来自记忆，从宇宙之初一直到现在的所有的记忆。我们也养成了习惯，出现问题就向外找原因，抱怨、怪罪，甚至责备，等等，而其实外面没有别人，发生的所有人、事、物既然出现在我们面前，那么就是我们的责任！荷欧波诺波诺教导我们，只要我们愿意对发生的事情负百分百的责任，愿意选择清理，那么我们便能不断地显现内在的智慧，顺利突破每个阶段的瓶颈，螺旋式地不断创造！

《富在工作》这本书给了你使商业成功的简单心灵方法，就是践行荷欧波诺波诺。一个公司，哪怕只是最普通的职员，如果愿意全然地对公司负责并做清理，公司也会因为被清理而彰显它本自具足的能量！公司所有成员也会因此而受益！

2017年的2月是我人生中特别不可思议的一个月，因为遇上春节，而且2月只有28天，很多合伙人要么还在老家没有回来，要么家里有事被迫暂时离开，然而我带着几个小伙伴每天践行荷欧波诺波诺进行清理，即便在月末几天依然没有看到奇迹也依然坚持清理，在28号那天奇迹彻底呈现，团队业绩远远超出预期，坚持清理的小伙伴们几乎全部达成目标！

清理，抓住灵感立刻行动，继续清理，你的工作便能为你创造富足人生！

前言

　　本书将介绍"具有生命"（使真正的自我生存）的商业，以及它实际的形态。具有生命的商业，与单纯追求大量财富、物质的商业有很大的差异，它能带来综合性的丰富，即包括心灵、精神、身体、金钱、物质等各方面的丰富，而且通常是超乎人们理解的丰富。

　　透过本书传达的最重要的讯息，是自由与解放。也就是说，从佛陀或耶稣基督视为痛苦的事情中解放出来，转移方向，去体验综合性的丰富。所谓获得综合性的丰富，则是指创造出能够充分供应你和你的家人，以及你所爱的人们所需要的财富与物质的资源，使所有的人与所有的物质产生关联。这种关联可实现你与所有人的灵魂所渴求的自由，并使它升华。而且，人生借着这种满足，可以为自己和其他人带来莫大的喜悦。

本书的焦点并非单纯放在获得物质财富的方法上，而是说明何谓具有生命的工作、商业，以及为了进行心灵、精神、身体、金钱、物质的实际体验，必须如何才能完全解放，成就自由。

关于具有生命的商业，本书将提出四个重要问题。

1. 我是什么？

2. 我的人生目的为何？

3. 我在心灵、精神、身体、金钱、物质上的烦恼与痛苦，为何产生？

4. 这些烦恼和痛苦要如何解决？怎样才能获得真正的自由？换句话说，心灵、精神、身体、金钱、物质方面如何才能达到自由、解放的状态？

希望你能借由本书，为这四个问题给出实质性的答案。

请接收本书，并期盼它能为你带来超乎理解的、深远而丰富的平静。

伊贺列卡拉·修·蓝博士

第一章

零极限的商业模式

　　所有的原因并非在自己的"外在"，而是在自己潜意识的"内在"。如果感谢和爱我们潜意识中的信息，就可以将这些信息删除。

解决问题的夏威夷疗法

最近,《零极限》的荷欧波诺波诺备受关注。大家知道荷欧波诺波诺是什么吗?它原本是古代夏威夷人传统的解决问题方法,而以这种夏威夷自古流传下来的荷欧波诺波诺为基础,夏威夷传统医疗专家、有"夏威夷州宝"之称的莫娜·纳拉玛库·西蒙那(Morrnah Nalamaku Simeona,1939~1992)女士根据自己的灵感,发展出可活用在现代社会的"透过荷欧波诺波诺形成的大我意识"(Self I-Dentity through Ho'oponopono,以丁二简称 SITH)。

SITH 与传统的"荷欧波诺波诺"有几个不同之处。

SITH 是独自一人来解决问题,与此相对,传统的"荷欧波诺波诺"是集体来解决问题。重点是在 SITH 之下,每一个人始终与"神性"(Divinity)直接连结,通过神性得到灵感。这可以说是两者最大的不同。

目前,SITH 已在多样文化与社会背景下组成的南北美洲和欧洲实行，并在各种国际会议和高等教育的场合，例如联合国、联合国教科文组织、夏威夷大学等接受实践并进行推广。

不单哲学家或思想家，这个夏威夷疗法也成为一种新的商业疗法，为商业界带来很大的影响。

向世界宣传"吸引力法则"的影片《秘密》中的主要作者之一乔·维泰利，就称赞"荷欧波诺波诺"的力量远超过吸引力法则。日本船井综合研究所的创始者，同时也是经营顾问、作家、思想家，对日本各方面都有强大影响力的船井幸雄，也赞扬"荷欧波诺波诺"的精神。

正因如此，全世界有越来越多人知道荷欧波诺波诺的"零极限"境界。这里附带说明，"荷欧波诺波诺"（Ho'oponopono）的"荷欧"（Ho'o）意为"导致"，"波诺波诺"（ponopono）则是指"完美"。也就是说，荷欧波诺波诺就是"使之正确"或"改正错误"的意思。

荷欧波诺波诺的想法非常简单，它认为世上发生的问题都是"潜意识中的信息（过去的记忆）重播"所造成的。因此，人们烦恼、生病、为负债所苦、为公司的事伤神，都是"过去的记忆"所引起的。而且，过去的记忆中并非只有自己本身的记忆，也包含了宇宙诞生至今所有生命的记忆。

即便如此，还是有解救的方法。修正自己潜意识中的信息，就能解决问题，而且，别人的问题也可以借着修正自己的信息来解决。

解决问题的方法非常简单，只要重复"对不起、请原谅、谢谢你、我爱你"这四句话，就能解决所有问题。这四句话能清除我们潜意识中的信息，使其接近"零"（空）的状态，也就是达到"零极限"。

这里所谓的"零的状态"，是指"宇宙发生大霹雳之前的最初状态"。由于它还没有任何物质，因此也没有任何不完全的事。换言之，处于一切完美的状态，就是"零"的状态。

荷欧波诺波诺的想法其实并不是一个全新的概念，它与佛陀2500年前开示的《般若心经》中的"色即是空，空即是色"，以及耶稣基督所说的"爱你的敌人"是一样的。

也就是说，所有的原因并非在自己的"外在"，而是在自己潜意识中的"内在"。如果感谢和爱我们潜意识中的信息，就可以将这些信息删除。

我追随在 1992 年去世的莫娜·纳拉玛库·西蒙那女士的脚步，努力推广荷欧波诺波诺的精神，走遍世界，在各国举办有关荷欧波诺波诺的讲座。除了举办讲座之外，我同时还帮助各国的人民和土地删除种种信息。

拯救金融危机的一帖灵药

本书就是要将荷欧波诺波诺的零极限概念应用在商业上，以建立最有效率的组织，并获得个人和企业最大的利益。

荷欧波诺波诺提倡"对不起、请原谅、谢谢你、我爱你"四句话，透过实践而发生的种种奇迹，以及许多治愈的经验，证明它是非常有效的方法。或许有人认为荷欧波诺波诺与商业似乎扯不上关系，最初举办零极限的商业讲座时，也确实听到不少的质疑："为什么要开设零极限的商业讲座?"

对于以左脑来经营企业的人来说，在商场上说"对不起、请原谅、谢谢你、我爱你"，可能会感觉有些奇怪。

但是，现在你手中正拿着这本书。

你是否有一种莫名的预感——在商业上需要"某些"与过去不同的东西——因此对本书产生了兴趣？

这种预感是正确的。

世界正陷入经济危机之中，我觉得人类的商业从来没有像现在这么需要荷欧波诺波诺。我要强调，零极限正是商业上进行最有效的运作并获得最大利益的方法。

利用荷欧波诺波诺做生意的最大特征就是"不期待成功"。这句话听起来或许有些矛盾，但零极限的方法就是使我们恢复零的状态，即回到原来的自我的方法。如果本来的自我是个亿万富翁，那么他就能成为亿万富翁；本来的自我对钢琴调音感到满足，他就可以成为调音师。

莎士比亚说："自己应该正直。"耶稣基督说："请探索自己的内心世界。"苏格拉底说："认识你自己。"荷欧波诺波诺说的也是相同的道理，它之所以不追求成功，是因为它认为人原本就是成功的，就处于完美状态，荷欧波诺波诺正是让人恢复成功而完美的"本来自我"的方法。

那么，荷欧波诺波诺为什么能成为经营企业最有效率，并产生最大利益的方法呢？

它重视"自己要像原来的自我"，换言之，把焦点放在"事物本来的力量"上。人出生时原本是完美的，可以直接接受来自"神性"的光。"开悟"的英文为"Enlightened"，正如这个英文单词所示，是指"灵光显现"的意思，也就是说，人类原来已经具备灵光。

这种光就是灵感，人若处于开悟的状态，光随时都可以照到，也能接受灵感。

灵感因人而异，不可能完全相同。因此，人是独特的，每个人的角色和长处也不一样。当人依据这种灵感来行动时，就能完全发挥自己的功能，即将原来具备的才能发挥至极限。人若舍弃利己主义，以灵光显现的开悟状态，即保持人原来的状态接受灵感，就是人最接近本来自我的时候。

同样的，企业组织若实践零极限的荷欧波诺波诺，基于灵感来行动，一切也能达到最合适的状态。

不胜任某项工作的人被调转至其他部门或辞职，空出的位子则由最适当的人填补，职场的人事配置自然会达到最佳状态。但也有可能估计错误，例如原本被认为（附录图1：光、灵感与记忆）工作能力不强的人，突然以充满活力的专家姿态现身——应该没有比这个更强的组织和更能发挥能力的职场环境了。

从这方面来思考，企业本身也有类似"人格"的东西。事实上，公司并非单靠概念和资本成立的，而是具有一个存在的意识。因此，业绩不佳，公司本身也会感觉痛苦；相反的，公司本身如果有"大我意识"的自觉，而我们又不加以阻挠的话，它自己就能带来订单，同时使业绩增长。

我们在工作不顺利时，往往会认为是自己的"外在"有问题。但包括公司经营不善在内，所有问题的起因都来自潜意识的"内在"信息。并不是职员不好，也不是干部不优，当然更不是经营者、客户、公司，甚至整个业界的问题。

若把公司当成一个生命体，重视并爱自己的公司，那么公司就会自动运作，为了达到目的——获得利益——而将企业本来的力量发挥至最大。

靠自己就能轻易实践的秘密

荷欧波诺波诺是"不论任何人""单靠自己"就能"轻易"实践的问题解决法。

解决问题的方法非常多，但我相信没有比荷欧波诺波诺更简单、更易懂的方法了。正因为如此，以美国、欧洲、日本为首，这个方法正在世界各地迅速扩展。

在讲座中，参加者若反复提出类似的问题，我就会反问他们："你认为如何？"

实际上，运用荷欧波诺波诺，"任何人"都能透过自己直接与"神性"连结，因此不需要刻意去找寻。它不是宗教，因此没有深刻的教义和经典，也没有教主和先知。

荷欧波诺波诺认为，我们人生中的问题是由潜意识中的信息（过去的记忆）所引起的。而所谓的潜意识，是指"宇宙诞生至今所有生命体经验的记忆"，而非只有自己出生至今的记忆。因此，如果将引起问题的信息删除，"任何人"都能解决所有的问题。其中最特别的是，别人发生的问题也能够被消除。这大概是其他问题解决办法所没有的一大特征。

另外，它还认为自己潜意识中的信息是与别人的信息共享的，清除这些潜意识内共享的信息，也知道自己可以同时消除别人的信息。至于为什么可以，后面的内容会详细说明。

总而言之，荷欧波诺波诺主张即使是别人的问题，我们只要消除自己潜意识里与之共享的信息，别人的信息也可以被清除——也就是说，"单靠自己"就能够解决问题。

那么，要怎么样做才能消除问题呢？是否需要采取什么特别的做法？

这也是荷欧波诺波诺的厉害之处。做法其实很简单，只要在进行清除时反复说"对不起、请原谅、谢谢你、我爱你"这四句话就可以了。在说这四句话的同时，我们潜意识中的信息就可被删除，进入极接近零的状态。没有任何困难，轻轻松松就可以进行清理工作。

在我们的潜意识中，据说每秒会产生 1 100 万位元的信息；相对的，我们日常感觉到（能够注意到）的意识，每秒只能处理 15~20 个位元的信息。因此，我们很难想象潜意识中发生了什么事情。

但是，荷欧波诺波诺却能直接对我们无法窥知的潜意识中 1 100 万位元信息发挥作用。虽然不能了解潜意识中实际是因为哪个部分的信息而引起的问题，却可以消除信息，恢复零的状态。

而且，这是"不论任何人"都能"自己轻易"实践的方法。换言之，就是重复说"对不起、请原谅、谢谢你、我爱你"这四句话而已。

这是零极限的荷欧波诺波诺最伟大的地方。没有任何困难之处，一切都在你的掌控之中。

比经济学家更有效的企业救星

扩及全球的经济危机，令人惊恐，但是叹息归叹息，却也束手无策。其实真正重要的是如何才能解决问题。

对于这种经济危机，询问各国经济专家，没有一个人能提出具体的解决方法。他们仅强调这是 20 世纪 30 年代经济大萧条以来，百年一次的大规模经济不景气，可是又苦无解决之道。另一方面，这些专家又不断追究经济危机的原因，并且一致将它归咎于"计划"与"管理"的不当。

我的想法正好相反。只要检验那些重视"计划"与"管理"的经营，亦即重视信息的"知识的经营"，看它们过去一年间产生了什么现象，就可以一目了然。

我们可以看到每个人都认为经济不景气是源自"政府错误、业界错误或者是公司错误"，是自己以外的因素造成的，所有人都不愿意承担责任的不负责现象不断蔓延。即使未来花费数以亿计的美元来挽救经济，也未必有效。因为，未能预测到今天的经济状况，也无法提出有效对策的学者或经济学家，今后也不太可能提出有效的方法。

相对的，零极限的商业基本上不至于发生提不出对策的情形。原因在于，荷欧波诺波诺是要消除期待与愿望，恢复零的状态，以发挥最大的经营效率，同时追求最大的利益。重要的是，它将焦点放在"事物本来就具备的力量"上。经营者自不用说，员工、供应商、销售对象、相关往来客户、股东等，分别将各自的能力发挥至最大限度，职场人员自然会实现最合理的配置，因此整个企业的生产力才能够提高。

这种最完善的组织随时可以获得灵感，就算再度发生这种不可预测的经济危机，也能够以最佳的方法来回应。

即使是优秀的 MBA 毕业生、在纳斯达克上市的新兴企业的经营者、世界顶尖的经济学家，动用所有人的知识与经验，都比不上一个来自"神性"的灵感。若想依赖最新的经营学或经济学，很遗憾，对于计划之外的突发状况，其回应能力几乎等于零。

由此可知，对于零极限商业而言，所谓工作计划并没有太大的意义。如果采取荷欧波诺波诺商业手法，从过去就一直在企业中进行信息清理的话，就会认为此次世界性的经济危机只是"发生应该发生的事"，而不至于大惊小怪，每天都召开紧急会议。

荷欧波诺波诺的商业还有一个特征，就是认为"发生的所有事件百分之百都是自己的责任"，这与目前世界上不负责任的风潮正好背道而驰。

因为认为"百分之百是自己的责任"，因此对自身以外的问题也会负起责任，努力解决。潜意识中与别人相关的信息，是自己与别人共有的，清除这些共享的信息，也可以清除掉别人的信息。

不怪罪别人，也不仰赖别人，只是清理自己——这种想法如果能在世界上普及，一定能充分回应世界危机。

零极限的商业若继续在世界上扩展，相信会使世界经济发生"质变"。

就像生物接受放射线之后会发生突变一般，商业也将从竞争的商业彻底转变成荷欧波诺波诺的商业。我将这种改变称为"质变"。

换言之，是从"计划经营"质变为"灵感经营"的时候了。

也就是从"计划"和"管理"为主体的"认知的经营"，质变为以"灵感"和"自由"为主体的"智慧的经营"。

不要再紧抱过去成功经验的"记忆"，请相信从零产生的伟大灵感，并依此去行动吧！

我认为使用荷欧波诺波诺的零极限商业，对于现在的世界经济危机而言，是一个强有力的解答。

体验谈一

忧郁症的姐姐不再忧郁

Serene 株式会社代表　平良·普亚·贝蒂

　　我在五个兄弟姐妹中排行老三，母亲因为工作忙碌时常不在家，所以最上面那位大我 5 岁、同父异母的姐姐便以长女的身份照顾我们，甚至还肩负起照料母亲的责任。但没想到，30 岁之后，她竟被诊断出患了忧郁症。

　　我在 25 岁时结婚，生第一个小孩时她还非常高兴，并帮助工作繁忙的我照顾小孩。从那时候起，姐姐就再也没有出过门，连去丢个垃圾都不愿意。当时我正开始接触各种课程，曾劝姐姐一起参加，或是接受个人咨询或远距离治疗，而且我也买了超过一百种的健康器具、健康食品，试过所有方法来治疗她的疾病，但每种方法只要没有效果，我就会立即放弃。

直到 2007 年 5 月，姐姐以电视为伴的生活已持续了 25 年。这时我已了解荷欧波诺波诺的存在，并在当月为了上课而飞往美国。我将课程中的"12 个步骤"应用在自己和家人身上，持续进行清理。之后，我觉得自己逐渐变得轻快。我接触了荷欧波诺波诺，并开始清除信息，经过大约半年，在 2008 年 1 月，姐姐已经会外出丢垃圾，到了 6 月，她也能到附近散步或购物，甚至来到我的办公室，这离家里又远了一点了。

我又持续清理一段时间后，开始实际体会到"百分之百是自己的责任"的含义。对我而言，最大的困扰不是姐姐，而是自己心里的"不安"和"恐慌"被投射在姐姐身上。我发现，外在所有的问题都是从自己内在产生的。于是，我把过去所抱持的"想帮助姐姐，必须为她做些事情"的意识清除，并将自己内在觉得姐姐有忧郁症倾向的记忆一一删掉（例如问题一大堆、希望她正常一点、不要老找我麻烦、姐姐是我的包袱等念头）。

以前我常想，如果我老了，姐姐会怎样，并对此一直感到不安。为了消除这种不安，我让她看医生、吃药，却没有效果。其实，这只是我的记忆透过姐姐以忧郁的形态展现出来而已。姐姐原本就是完美的，其他的事情完全是我的记忆。

发现了这一点后，我毫无罪恶感地将姐姐的问题忘掉。原本就应该完美的姐姐恢复了健康，而我也因为上述的清理工作，找回了心理的健康。

最近，我们两个人还一起回到阔别了20年的故乡——台湾——旅行。过去不断争吵的两个人，谈话内容也变成了：

"下一次打算去哪里玩？"

第二章

荷欧波诺波诺的本质

　　我们本来是"空"的，但信息遮住了光，并造成干扰。荷欧波诺波诺的四句话能让我们回到出生时"空"的状态。

夏威夷州立医院的奇迹

我在 1983 年至 1987 年的 5 年间，在夏威夷州立医院的特别病房服务。所谓的特别病房，是指专门收容犯下杀人、强暴、暴力、抢劫等罪行，并患有精神疾病的犯人。像是某位杀死亲生母亲，因为自责而感到痛苦，陷入酒精中毒和精神异常的犯人，就被安置在这里。

由于病房中经常发生病患之间，或是病患对工作人员的暴力事件，因此大多数病人都戴上了手铐或脚链。而工作人员为了避免凶暴的病患从身后进行攻击，都养成背贴着墙壁走路的习惯。在这种恐怖的环境里，工作人员经常请假或迟到，而且人员的流动性相当高。

为了解决那里的问题，州政府派精神治疗师到医院，但是并没有获得任何成效，许多治疗师受不了恶劣的职场环境，纷纷自动离职。

后来，州政府派我来到这家问题严重的州立医院。我既不跟患者见面，也不进行任何辅导，只阅读病患的资料，但病患却相继痊愈、出院。

相信大家一定很好奇，到底我在那里做了什么?

其实，我只是每天进行清理工作，即清除信息。去医院之前，我会先在家中进行清理，在医院里或在离开医院后，我也会继续清理。

过去，医院里平均每天都会发生三四次暴力事件，但自从我到医院服务两三个月之后，暴力事件便开始减少。因为，暴力行为是发生在我的内在，而不是病患的内在。光能照射到我内在的信息，而由于引起这些现象的信息被清除，因此对方的信息也被删掉了。原先被认为绝对无法治愈的重症患者，竟陆续在数月或数年之后出院。

据说，美国的州政府每年花在一名犯人身上的成本大约是5万美元。帮助了一名犯人，我每年就可为政府节省5万美元的开支。整体来看，我为政府每年节省的经费超过百万美元。而且，病患出院后会找工作，开始就业后，不但可以自己赚取生活费，夏威夷州政府还能向他们征税。

我所做的，只是"将自己内在把病患视为犯人的信息删除"而已，结果就顺利地让病患出院了。我将自己内在"他是犯人"的信息全部删除，因此，他自己内在有关犯罪的信息也完全消失了。他不再是个犯人。

我不仅清理病人的信息，也将医院建筑内在的相关信息消除。医院里原本有各种不可思议的现象，例如，没有人在厕所里，但冲洗马桶的水却不断地流着；没有人在浴室里，喷头却突然喷出水来；连日用电器也是忽开忽关的。就像我对患者所做的一样，我问自己："我的内在到底有什么，才会体验到这栋建筑的问题？"于是我开始清理自己。

数月后，这些现象逐渐消失。马桶不再自己冲水、喷头也不会突然喷水，这节省了不少水费，日用电器也恢复正常状态。

我在州立医院所做的，并不是为了病患或医院，而是为了我自己。如果我能感到平静，那么病患和医院也能够平静。这种想法同样适用于工作或企业的经营。

所有问题都发生于自己的内在——百分之百是自己的责任。也就是说，不能归咎于自己之外的任何人。所以，是要不清楚信息，一味怪罪他人，还是将信息清除，过着前途无限的"零极限"人生？就看你如何选择了。

用四句话来清理自己

荷欧波诺波诺用来消除信息的四句话是："对不起、请原谅、谢谢你、我爱你。"

这四句话是在清理自己之后，也就是人在零或开悟的状态下产生的。但它们并不是什么新的内容，佛陀、耶稣基督、莎士比亚、歌德等过去的伟人都曾经说过。

佛陀在《般若心经》中说："色即是空，空即是色。"所谓"空"，就是指零的状态或开悟的境界。变成零的话，灵光得以显现，就能获得一切。佛陀还说，世上所认识的事全都是"空"，"空"里则是世上的一切。

我们本来是"空"的，但信息遮住了光，并造成干扰。荷欧波诺波诺的四句话能让我们回到出生时"空"的状态。

耶稣基督说："爱你的敌人。"这里所谓的"你的敌人"就是指自己内在的信息（过去的记忆）。也就是说，爱这些信息，感谢这些信息，就可以将信息消除。

莎士比亚说："请放空自己。"并说："这样的话，死亡会降临。请保持无的状态、空的状态。"意指理性是疯狂、混乱、苦恼的根源。

由此可知，我说的并不是什么新的东西，只是将过去的伟人反复说的事，当作新的信息传达给大家。

莫娜女士开发出来的荷欧波诺波诺，是"任何人只靠自己"就能"轻易"实践的问题解决法。

荷欧波诺波诺的清理方法其实非常简单，就是反复说"对不起、请原谅、谢谢你、我爱你"这四句话而已。但就是因为简单，所以会涌现各种疑问——与其说涌现疑问，不如说是大家潜意识中的信息引起这些疑问或许更为准确。例如要向谁说，该怎么说出口，该说多少次，等等。

关于这些疑问，第三章里将以问题的形式答复，请务必参考。

我觉得遗憾的是，大家都知道荷欧波诺波诺这四句话，却不愿去实践，真的是非常可惜。因为对大家而言，清理自己是改变自己和家人的人生，以及改变自己公司的最佳机会。

荷欧波诺波诺的问题解决法，如果不去实践，就没有任何价值。我到各地举办讲座、出版书籍，就是为了教导大家清理的方法，希望每个人都能实践。这一切都是为了清理，除了这个，没有其他目的。

因此，大家应该做的就是清理自己。换言之，就是使用荷欧波诺波诺的四句话——"对不起、请原谅、谢谢你、我爱你"——来清除信息。

所有问题都源自内在

一般人通常以为所有与自己有关的事件，都是发生于外在。但真的是如此吗?

假设有两个人同时看到"纽约股市暴跌"与"以色列军队攻击巴勒斯坦加隆地区"这两则消息,他们的看法完全相反,这种情形经常发生。看见纽约股市暴跌,有投资股票的人会想:"糟糕!损失惨重!"但是,没有买股票的人对这个消息却不会太关心。至于以色列军队攻击巴勒斯坦,对以色列没有好感的人看到这个消息,会谴责以色列,并同情巴勒斯坦人。不过,站在以色列这边的人,或许会认为这种攻击是理所当然的。

由此可知,即使是相同的事件,认知也会因人而异。依照脑子里对事件的认知,该事件的发生和结果也不相同。首先要确认的是:发生于自己内心之外的事,最终什么也没有。发生的事(所觉知的事)全部都如同自己潜意识所思考的事一样被重新播放,并记忆在潜意识中。佛陀在距今 2500 年前就已悟到这一点。

荷欧波诺波诺认为,一切都源自我们潜意识中的信息(过去的记忆）。它所提到的潜意识，并非单指自己的经验记忆，而是指由宇宙诞生以来所有生命体过去的记忆累积而成的总和。因此，潜意识中的信息并不只是引起自己的问题，它也是别人问题的原因。

因此，所有问题都发生在自己之内，没有发生在外在的问题。正因为问题不是自己单独发生的，即使是别人的问题，自己也有责任。换言之，就是"根源在自己"的想法。

我们习惯将问题归咎于别人。父母不对、妻子不好、丈夫有错、教育不够、公司不佳、社会制度不良、经济不好、国家不对等。任何事情都轻率地归咎于他人或环境。

荷欧波诺波诺对问题的思考方式则完全不同。思考问题时，荷欧波诺波诺经常探索："自己内在的潜意识中到底有什么?""此现象是否是因为自己而产生出来的?"而且，借着清除这些资源来排除问题。

不再怪罪别人，承认自己的责任，那么恋爱、商业、人际关系、人生，甚至整个世界都会完全改观。因为，原因都在自己的内在，必定能够接近问题；反之，若凡事怪罪他人，就无法进入问题的核心。就像评论家或电视观众一般，只能在距离真相一步之遥的地方发出不负责任的言论。

了解到原因都在自己的内在之后，就会积极地面对问题，努力解决问题。

然后更进一步，遇见有某些问题的人，可以视之为清理自己的机会；同样的，自己发生某些问题或遭遇某些阻碍时，也可以将其当成净化自身的机会。

换言之，"问题是为了清理自己而发生的"。给自己造成问题或带来问题的人，都是赐予自己清理机会的人，非常值得感谢。

负起百分之百的责任

有一句话说："根源在自己。"

意思是："发生在自己身上的事，原因都在自己。"但也可以解释成："如果要追根究底，自己也是原因。"这个说法虽然也认为事情是自己的责任，但多少带有消极的意味。

　　而且，听到别人说"百分之百是你的责任"时，你一定想捂住耳朵。

　　生命中会发生各种事情。自己无法接受的事或不允许的行为、夺走亲人性命的疾病或事故等，人生之中经常遭遇这些与自己责任无关的事。

　　但是，荷欧波诺波诺认为这些事件也"百分之百是自己的责任"。对于这种连发生在别人身上的事也百分之百是自己责任的想法，相信很多人一开始必定会问为什么。不过仔细想想，"百分之百是自己的责任"的想法，其实是非常光荣的。荷欧波诺波诺经常探索"究竟是自己内在的什么原因引起了这个问题"，也就是说，以"原因百分之百在于自己"的立场来思考。

　　理解了"百分之百是自己的责任"的一瞬间，世界看起来会完全改观。从那时起，你不会再归咎于任何人，但如果你过去习惯怪罪别人，可能会觉得相当困扰。其次，"百分之百是自己的责任"还意味着要承受一切，因为包括别人的人生在内，所有的事件都发生于自己的内在。

承受"百分之百的责任"的同时，你借着清理自己的机会，将会领略到一个完全不同的世界。

不仅在个人生活中如此，在工作和公司中也使用这种办法。

如果自己的公司经营不善，不要归咎于经营者、干部、职员等，而应思索自己内在发生了什么事，并负起责任。这才是真正的领导者。这与职位、立场无关，即使不是经营者，只是一名工读生，当公司经营不善，自己也要负起责任。这百分之百是你的责任。

这或许与社会一般的观念不同，但荷欧波诺波诺却是这样认为的。同时，荷欧波诺波诺还教导我们消除自己内在信息（过去的记忆）的方法。它并非自己告诉我们"百分之百是自己的责任"，也教我们如何解除这些责任。其实这些方法相当简单，只要探索问题出自潜意识中的哪个部分，然后消除产生问题的信息即可。

首先问自己："到底是潜意识中的哪些信息引起问题?"然后在心中对这些信息反复说"对不起、请原谅、谢谢你、我爱你"这四句话,就可以完成清理工作。之后,则进入"神性"的领域。

在某种意义上,荷欧波诺波诺是颇有效率的商业手法。

我们有两条人生道路可以选择。一条是将责任推给别人的人生,另一条则是"百分之百是自己的责任"的人生。

也就是说,是要继续认为责任在别人,还是相信责任百分之百在自己的内在。

若相信责任在自己的内在,那么所有事情都可以在你的掌控之中。

遮蔽灵光的意识结构

我们日常能够察觉(能够知道)的意识称为"意识"(Uhane/ 母亲),无法察觉的意识则称为"潜意识"(Unihipili/

内在小孩）。

荷欧波诺波诺所说的"潜意识"，是指意识中拥有宇宙诞生"大霹雳"至今所有生命体所经历的信息。一般提到"内在小孩"（inner child），有时指幼儿期的自我意识，但在荷欧波诺波诺中则意味着更广范围的意识。

潜意识中各种记忆的重播，即烦恼、痛苦、疾病、贫困等的起因。相对的，"意识"是我们日常能察觉到的意识，对潜意识而言，是如同母亲般的存在。而"超意识"（Aumakua/父亲）对潜意识而言，则如同父亲，通常与"神性"一起运作。整理来自潜意识的信息与请求，并传达给"神性"，是"超意识"非常重要的功能。

"神性"是生命的根源，能消除潜意识中的记忆，赐予我们灵感。它像神一般存在，但请注意，它并非在我们的外在，我们的意识之中已经有"神性"。因此，无须依靠任何人，我们自己就可以做最佳的判断。

意识每秒钟能处理的信息量约15~20位元；相反的，潜意

识的信息量（附录图 2：大我意识 ["空"的状态]）据说每秒
钟可达 1 100 万位元，也就是说，相当于意识 100 万倍的庞大
信息会传送至潜意识。

　　荷欧波诺波诺能直接对潜意识中数不清的信息发挥作用，
消除引起问题的所有原因，使我们恢复零的状态。不过，我们
并不知道潜意识中的什么信息是原因，以及潜意识中的哪些部
分被消除。

　　我们之内已存在着"神性"，可以随时了解所有的事情。
即使不知道自己是因为受到了什么的左右，依然能够删除引起
问题的部分。我认为这是非常了不起的，因为连原因都不需要
了解。

　　我们常以为自己可管理世上所有的信息，这其实是错误
的。事实上，反而是我们被信息洗脑，被信息管理。在这种状
态下，光无法照射到我们，因为它被信息遮蔽了。

　　因此，必须将潜意识中的信息删除。如此一来，我们就可
以从被遮蔽的状态中解放出来，恢复自由。原本被遮蔽的光也

能照射到我们，使我们恢复完美的状态。

换言之，我们可感觉到光照射到身上，并带来美好的灵感。

删除信息的过程

荷欧波诺波诺认为，"宇宙因为信息而成立"。

这里所说的信息，并非一般人指的"information"（信息）。信息只有两种，一种是"过去的记忆"，另一种是"灵感"，宇宙是因为这两种信息而成立的。宇宙中只有信息。

你在诉说某些事情的时候，说的人是谁？其实说的人不是"你"，而是你内在的"信息"。信息经过重重组合，而产生出各种想法与感情。

荷欧波诺波诺之所以强调信息，就是基于"宇宙由信息组成"的想法。宇宙中充满着信息（过去的记忆），我们的内在也全是信息。

自己身体周遭若发生某些问题，就是信息所引起的。而因为信息在我们之内，因此将信息清除的话，所有的问题也都可以被解决了。

不过，我们却无法控制信息，因为我们不知道自己发生了什么事，被什么东西操纵，也不知道其他人实际发生了什么事。

意识每秒只能处理 15~20 位元的信息；相对的，潜意识中每一秒却可累积 1 100 万位元的信息。这意味着我们的意识什么都不了解。事实上，发生了什么或没发生什么，任何人都不知道，但我们却想分析信息来找出答案。其实我们真正应该做的不是分析信息，而是"删除"信息。

那么，到底要如何删除信息呢？

只要清理信息即可。信息被清理后，光就可以通过，预示信息已被删除。而原来遮蔽了光的信息被删除之后，能为我们带来过去不存在的信息，即所谓的灵感。

下面就来介绍一下删除信息的实际过程。

1. 经过清理后，消除记忆的请求从意识（Uhane/ 母亲）传达至潜意识（Unihipili/ 内在小孩），这个请求会促使该记忆动摇、转化，并被消除。

2. 意识向潜意识发出消除记忆的请求，然后再向上传至超意识（Anmakua/ 父亲）。

3. 超意识重新检视潜意识传来的消除请求，加上适度的修正后，将其传至"神性"。

4. "神性"接到超意识传来的消除记忆的请求，然后向超意识放出转化记忆的能量。

5. 此能量穿过超意识、意识，到达潜意识中的指定记忆。该记忆被这股能量中和，不久就成为零而被消除。

6. 变成零（空）的空间，可经由超意识、意识，获得来自"神性"的灵感。

不过，要消除信息有一个前提，就是"意识"（母亲）、"潜意识"（内在小孩）、"超意识"（父亲）三者不可各自存在。为

了使三者结合，爱护、疼惜潜意识（内在小孩）是非常重要的。（附录图 3：记忆的消除与灵感）

删除信息即可产生灵感

荷欧波诺波诺非常重视灵感。能够获得灵感，即灵光显现的开悟状态，正是最理想的零极限状态。

但我们常将"直觉"与"灵感"混淆，甚至根本无法区分。有人认为直觉是类似灵感的东西，但事实上，直觉来自信息（过去记忆）的重播，是与灵感相对的。换言之，直觉与灵感是似是而非的东西。

来自零的状态的灵感，荷欧波诺波诺称之为"灵力"，它与因记忆重播而产生的直觉完全不同。在此，我们将针对直觉做更详细的说明。

我们睡觉时会做梦。有关梦的心灵类书籍，常会将梦归类为灵感的领域，然而，梦只不过是过去记忆的重播，也是由潜意识中的信息产生的。夏威夷有一句带有警告意味的谚语说：

"做三次相同的梦就要当心！"因为当地人相信"梦会整人"。

这句谚语的意思大概是指"直觉来自潜意识，是过去记忆的重播，也就是旧的信息，因此要小心"。

相对的，来自"神性"的是"灵感"，也就是"灵力"。"灵力"不是过去的记忆，没有存在记忆中，它是全新的信息。

它以前从未存在于世上，是首次出现的信息，因此是来自"零极限"状态的东西。

不过，如前面所述，哪些是直觉，哪些是灵感，我们不知道两者之间的差异，因此无法加以区分。事实上，要辨别清楚还真是非常困难。

区分直觉与灵感最重要的是"从哪里产生"这个问题。直觉是潜意识信息的重播，而灵感则是来自"神性"。

那么，要如何区分它们呢？虽然说它们分别是过去的记忆与新的信息，但两者的差异似乎不太容易了解。

举例来说，回放数天前的某个行动，无意中发现自己做了件了不起的事，但到底是如何办到的？或者，在公司偶然发现一个自己非常渴求的人才，没有人能比他更适合某项工作，并能使业务得到完美推动。总之，得来全不费工夫。若是要进行过一番努力才能得到，那就不是灵感带来的结果。

当我们与宇宙的运行一致时，宇宙就会赐予我们完美的礼物。

这是依循自己内心的生存方式，仔细思考，这是为了自己，没有周遭的人的影响的行动。而且，从过去的行动来看，这似乎是难以想象的。

由此可见，"无须努力、预料之外、无意识"乃是三个关键词。

而从这三个关键词来看，灵感不是我们想要就可以得到的。

因此，我们有必要持续删除信息，使自己成为灵光显现的零极限状态，以随时从"神性"中获得灵感。

构成宇宙的各种信息

每个会操作电脑的人都知道，电脑上最重要的按键之一就是"删除"键。如果没有删除键，会造成什么结果？相信记忆体很快就会被装满，使电脑无法运作。

现今的商业界就面临着这样的问题，因为不知道删除信息的方法，所以要消除商业界的问题，就显得非常困难。能够发现问题，也能预测未来，却无法掌握问题真正产生的原因和解决之道。虽然经济界的人士善于计划与管理，却未察觉到删除庞大信息的重要性。

下面就以电脑做比喻，看看荷欧波诺波诺解决问题的方法。

首先，信息（过去的记忆）相当于电脑记忆体中记载的内容。几乎每个人都累积了大量的信息，没有空间容纳新的。

这时，我们若按下删除键，清除信息，被删除的部分就可产生新的空间，以容纳新信息。制造出新空间的，就是删除的动作，而整部电脑就好比是宇宙。

等到信息清除完毕后，便可接受来自"神性"的光。原本，光是可以照射到我们的，但是被过多的信息遮蔽了。

其次，消除自己潜意识中的信息，包括他人的信息。换句话说，这也能对他人产生影响。

接下来，我们再以电脑为例来思考。

假设电脑为"宇宙"，电脑病毒为潜意识中的"信息"，各种软件则为"人类的意识"。

驱除引起问题的病毒（信息），电脑（宇宙）的信息也被完全清除，所有的软件（人类的意识）即可正常运作。

这就是消除自己潜意识的信息，他人的信息也一并被清除的原理。删除了电脑（宇宙）内共有的病毒（信息），各个软件（人类的意识）就能正常化。

那么，人类制造的电脑与神创造的"宇宙电脑"有什么不同呢？人类制造的电脑需要"按下删除键"这个物理性动作，但是，神创造的宇宙电脑只要说"删除"，就可以将信息清掉。在信息消失的同时，光从相同的角度，以相同的速度穿过。这就是两者最大的不同。

而且，人类制造的电脑进行删除时，必须明确指定删除的内容。但是在神创造的宇宙电脑中,只要问自己:"到底是潜意识中哪个部分的信息引起了问题?"就可以锁定该部分,之后再将它清除即可,不至于发生不慎将重要软件删掉的情形。

最后再说明一下"回收站"。

人类制造的电脑,在按下删除键后,删除的资料会先被送入回收站。经过一段时间,确定不需要后,再将回收站完全清空,腾出空间,才可以安装新的软件。

其实人类也会采取相同的方法,把不想要的信息、讨厌或想忘记的事情等,都先推到头脑的角落。不过人类只做到这一步,并没有清空回收站。这就是每秒钟会累积1 100万位元信息的原因。(附录图4:宇宙电脑示意图)

体验谈二

在金融海啸中提升业绩

三洋装备株式会社常务董事　菅生龙太郎

　　三洋装备是枥木系出身的父亲，于1959年脱离上班族生涯后设立的大楼管理维修公司。父亲是柔道六段，曾参加日本工商业柔道大赛，因为柔道的实力受到肯定，而进入大藏省（注：类似国家的财政部）就职。

　　后来，父亲辞去横滨关税总局的工作，在2.25坪的空间里，以煤炭、火炉取暖开始营业，母亲则协助处理会计事务。当时由于东京奥运会的特殊需求，加上钢铁、造船业的蓬勃发展，掀起一阵建筑热潮，父亲的公司也在高经济增长点的背景下，增加了不少新的客户。

之后为了配合主要客户，他将总公司迁往横滨，创业至今已达 50 年。目前，公司年营业额约 36 亿日元，拥有 1 000 名员工，成为神奈川县内数一数二的大楼管理维修公司。父亲担任社长，母亲为专务董事，弟弟是旗下公司的课长，身为长子的我则担任常务董事。

不过，近年来相关产业都不大景气，于是在 2007 年，我决定实施企业组织改革。为了公司的生存，将 1 000 名员工中的正式职员从 600 人减为 400 人，小时工则从 400 人增为 600 人。虽然公司瘦身了，但营业额和利润依然大幅减少，使得 2007 年的员工工作奖金不得不减少 30%。

2008 年夏天，我开始学习荷欧波诺波诺。最初是半信半疑地重复那四句话，但在每天反复地说"对不起、请原谅、谢谢你、我爱你"之后，公司开始出现惊人的变化。

员工的工作士气明显提高，即使没有我的指示，他们也会主动拜访旧客户或开发新客户，并加班至深夜，工作态度比过去积极许多。

在此状态下，虽然经济尚未好转，但是公司的客户却有所增加，营业额比去年提高一成，利润更是倍增。因此，2008 年的奖金比 2006 年提高了 5%，换言之，就是比 2007 年增加了 35%，并发给员工即时奖金，这是 10 年来的第一次。

除了公司的业绩之外，我的个人生活也开始出现变化。将荷欧波诺波诺的四句话挂在嘴上，自然不会对人口出恶言，也不再怪罪别人。每个人都站在"百分之百是自己责任"的立场，有助于解决所有问题，人生也发生了 180 度的转变。

以前常在员工面前骂人的父亲，令人难以置信地变得非常温和。而全心处理公司事务，很少与父亲交谈的母亲，现在也经常与父亲闲话家常。至于不喜欢听人说教的弟弟，也开始主动向我请教事情，并专心聆听。

我认为这是每天和颜悦色，发自内心向父母、弟弟和员工说"谢谢"的结果。然而，如果自己不尝试去实践、不长期坚持的话，是无法了解这些的。

　　谢谢河合政实先生给我这个机会，也谢谢荷欧波诺波诺。

第三章

神奇四句话的应用方法

　　"我爱你"就包含了另外三句话——"对不起、请原谅、谢谢你"——的意义。因此，只要说"我爱你"，就与四句话全部都说具有相同的效果。

　　关于如何实践荷欧波诺波诺的四句话——"对不起、请原谅、谢谢你、我爱你"，本章将以问答的方式呈现。在此，我将尽可能详细回答，如果还无法消除疑问，建议大家反问自己："到底是潜意识中的哪些信息产生了疑问？"

　　我在讲座中碰到参加者反复提出类似的问题时，也会问他们："你认为如何？"其实，借着荷欧波诺波诺，任何人都可透过自己与"神性"连结，并不需要刻意探寻。因此，请大家不妨直接问"神性"，这也是本章的重点。而且，要针对自己内在潜意识的信息进行清理。

问：要向谁说？

答：向信息说。

"对不起、请原谅、谢谢你、我爱你"，应向潜意识中的信息说。

虽然有人解释为何向他人说，但是向他人说"对不起"，并不能表达歉意，说"请原谅"也无法获得别人原谅，说"谢谢你"同样不能表示谢意，说"我爱你"当然也无法传达爱。

不过，向信息说"对不起、请原谅、谢谢你、我爱你"，大家或许会觉得有些奇怪，因此请将这里的信息看作"我们内在厌恶自己的信息"。具体来说，就是自问："我们潜意识的信息中哪一部分引起了问题？"即使不知道此部分位于何处，仍然要反复说出荷欧波诺波诺的四句话，以此对其进行删除。

耶稣基督说："爱你的敌人。"这里所说的"你的敌人"，不是指自己以外的人，而是指自己内在的信息（过去的记忆）。

因此即使称其为"敌人"，也不过是普通的信息而已，所以"爱你的敌人"并不是太困难的事。这样来思考的话，就可能爱信息、感谢信息，而且能够删除信息。

请向潜意识中的信息说"对不起、请原谅、谢谢你、我爱你"，表达感谢，以纠正自己、反省自己，最终将信息清除。

问：这四句话有顺序吗？

答：没有一定的顺序。

"对不起、请原谅、谢谢你、我爱你"这四句话，依任何顺序来说都可以，并没有所谓先"反省"，然后请求"原谅"，再表示"感谢"和"爱"的先后顺序。即使用头脑（理性）思考，也不过是信息（过去记忆）的重播而已。在持续清理的过程中，依照来自"神性"的灵感，自然脱口而出的顺序，对自己而言就是最佳顺序。

重要的是，说了荷欧波诺波诺的四句话，就找不到"认为自己没有犯错也因此不愿道歉"或"对讨厌的人说不出我爱你"等话的借口了。

不论是否有这种感觉，总之先尝试去说、去实践这四句话是很重要的。

问：说的时候要带有感情吗？

答：无所谓。

美国洛杉矶住了不少与好莱坞影城相关的人，因此我在这里经常被问到这个问题，因为他们的工作必须投入感情。

按下电脑的删除键时，有人会投入感情吗？我想几乎所有人都只是单纯地按下按键而已，没有人会边说"对不起"，边流着眼泪按下删除键，也没有人会大叫"好，决定删除！"然后用力按下按键吧！

因此，没有必要打心底发出感情来说"对不起、请原谅、谢谢你、我爱你"。

面对引起问题的人，或许有人会认为"这个人绝对不能原谅"或"无法表示感谢之意"。这时，没有必要打心底"原谅"或"感谢"，只要单纯地说出"请原谅"或"谢谢你"即可。

问：应该在什么时候说？

答：什么时候都可以。

"对不起、请原谅、谢谢你、我爱你"这四句话，任何时候说都可以。

不论上午或夜晚，任何你喜欢的时间都可以，并没有上午说力量比较大、睡前说效果较小，或是避免在饭后说等限制。真正重要的是，要不断重复"对不起、请原谅、谢谢你、我爱你"这四句话。

因为，即使说了荷欧波诺波诺这四句话，可暂时清除潜意识中那些遮蔽光的信息（过去的记忆），但潜意识每秒钟可累积1100万位元的信息，使得光很快又被其他信息遮蔽了。因此，一旦说了这四句话就不能停止，必须不断重复，才能不被信息遮蔽，持续显现灵光。

问：要说几次才行？

答：不一定。

说"对不起、请原谅、谢谢你、我爱你"的次数并不一定。

持续说这四句话，持续清理，我认为确实是件很好的事。不过，就我自己而言，在问题消失以前，并不会轻率地重复："我爱你，我爱你，我爱你，我爱你。"

而是不抱期待地先问自己几个问题：

"自己内在到底是什么原因造成了焦躁的情绪？"

"到底是自己潜意识中的什么信息引起这个问题？"

然后，对造成焦躁情绪或引起问题的信息说："谢谢你，我爱你。"

问：四句话全都要说吗？

答：不需要。

"对不起、请原谅、谢谢你、我爱你"这四句话，并不需要每次都说齐全。

"我爱你"就包含了另外三句话——"对不起、请原谅、谢谢你"——的意义。因此，只要说"我爱你"，就与四句话全部都说具有相同的效果。

我发现很多男性很难将"我爱你"说出口，因此请消除这个信息。我第一次在日本举办讲座时，就因为"我爱你"这句话过于沉重，而改用"我珍惜你"。不过，随着清理的进程，现在大家已能很自然地说出"我爱你"。

问：抱着负面的心情来说也可以吗？

答：没有关系。

抱持任何心情来说"对不起、请原谅、谢谢你、我爱你"，都可以，不论负面或正面的心情都没有关系。

如果某人觉得"带着负面的心情说，可能会产生不良结果"或"必须以正面的心情实践"荷欧波诺波诺，否则没有效果，表示他受到信息（过去记忆）重播的影响，而出现这种感觉。只要确实消除信息，就不会再有这种想法。

想象电脑的删除键。抱着正面心情来按这个键，删除信息的效果是否比较好？那如果在负面心情下按键，信息会继续残留吗？其实，不论带着哪一种心情，结果都是相同的——打算删除的信息，应该都可以百分之百地删掉。

因此，只要单纯按下删除键即可。

问：发出声音比较好吗？

答：请默默地在心里说。

默默地在心里说"对不起、请原谅、谢谢你、我爱你"，比发出声音要好。

例如，在餐厅里大声说"我爱你、我爱你、我爱你、我爱你"，周围的人一定会吓一跳。

荷欧波诺波诺并没有一定的规则，因为人类制定的规则不可能完美无瑕。而且，即使制定出完美的规则，在此规则出炉的刹那之间，它又会成为另一个信息。此时，我们不妨直接问一问存在于自己之内的"神性"该如何做。

有些人或许会获得灵感，认为发出声音比较好，这时不妨依灵感而行。练习荷欧波诺波诺的最佳方法常会随时间、地点、环境等各种条件而改变。

问：说的时候是否要想象些什么？

答：不需要想象任何事情。

说"对不起、请原谅、谢谢你、我爱你"四句话时，没有必要想象任何事情。

我们想要针对发生问题的某些对象或原因实践荷欧波诺波诺，但事实上，自己所认定的未必就是引起问题的原因。因为，每秒在潜意识内累积的1 100万位元信息之中，我们并不知道哪一部分才是真正的原因，甚至不知道哪些信息会被删除。

因此，即使想象自己所在意的事，但那些几乎都不是真正的原因。

借着说出"对不起、请原谅、谢谢你、我爱你"，光就会进入潜意识，找出引起问题的原因，并将光照射在它身上。

问：不是曾教导我们不要思考问题等负面的事吗？

答：这种"思考"本身就是问题。

说"对不起、请原谅、谢谢你、我爱你"这四句话时，常会思考发生问题的对象或原因。我想这里主要就是要问负面思考是否会带来问题。

即使不想也不说负面的事，它们还是存在于潜意识中，因此只有将问题消除。我认为"对不起、请原谅、谢谢你、我爱你"这四句话，至少不是负面的语言。

荷欧波诺波诺不需要正面的想法，也不需要"期待"与"判断"。

荷欧波诺波诺实质上的目的是"自由"。零就是自由。对着信息（过去的记忆）说那四句话，信息就可被删除，而成为自由状态。

零没有好坏之分，非负面也非正面。成为零的状态，光才能进入，并获得所有自己想要的东西。光原本能够照射到我们，遮蔽它的是我们潜意识中的信息。而透过荷欧波诺波诺的四句话，能够消除信息，使我们的灵光重现。

荷欧波诺波诺并没有任何期待。我们想得到某些东西的时候，也就是苦恼的开始。佛陀就曾经说过，"苦"始于执着于某些东西的"欲"。

例如，单身者想找到结婚对象，但若借荷欧波诺波诺来清理，或许会得到"维持单身也能得到幸福，未必需要伴侣"的结果。

成为零的状态，是没有欲望，也没有需求，是一种无法以言语表达的状态。

体验谈三

哥哥是我内心的镜子

Terrena 株式会社社长　河合政实

我有一个比我大 7 岁的哥哥，罹患精神病已长达 35 年，医生说他一辈子都无法痊愈了。

二十多年前，哥哥曾在横滨车站的京滨东北线卧轨自杀。虽然他幸运地保住了性命，却失去双脚，形成精神与身体的双重残障。现在，他与我一起生活。

2008 年 10 月左右，哥哥的状况非常差，他大约每 10 年就会遭遇一次这样的时期。

某个星期天，妻子较晚起床，哥哥将妻子前一天做好的高丽菜卷全部吃光光。妻子责备哥哥，接着哥哥又把冰箱中的东西拿到自己的房间吃光。由于哥哥安装了人工肛门，因此东西吃多了就会拉肚子。

星期二，哥哥在日间暂托机构又与其他身心障碍者发生冲突，原来是他因为拉肚子而被对方说："好臭!"回家后，原本很温和的哥哥又开始大声咆哮。问他怎么了，他也不回答，就这样钻进房间。

然而突然间，哥哥又现身餐厅，吵着说："我还没吃晚饭。"妻子回答他："刚才不是已经吃过了吗?"但他依然坚持说自己还未吃，不肯离开餐厅。不得已的情况下，我们只好再给他一些食物。

每天早上，哥哥都会给去世的父母上香，但是第二天他却没有走出房间。我问他："不给父母上香吗?"他罕见地回答："不要!"

于是，我开始在心里默念荷欧波诺波诺的四句话。不可思议的，我发现我的心逐渐平静。没错，哥哥是我内心的镜子，他表现出我现在的内心状况。

　　我回想起小时候，哥哥相当亲切，我非常喜欢他。我想着："哥哥，希望你能长寿。过去我常觉得你是包袱，是我的不幸，真对不起。"

　　另一个周末，我参加了首次在日本举办的荷欧波诺波诺商业课程。结果，在周日上午，奇迹发生了——哥哥再度给父母上香，而且还出现以前从未有过的平静表情。

　　我问他："哥哥，你幸福吗？"他回答："幸福呀！"我不禁怀疑自己的耳朵——精神和身体双重障碍的人居然会说自己幸福。

　　这天，我用宝特瓶装满蓝色太阳水，带着最佳的心情出门，参加第二天的商业课程。抵达东京车站时，我突然发现一件事。

　　我原本认为哥哥是我内心的镜子，实际上不仅如此，他更是公司的守护神。我的公司是祖父于1918年创立的，父亲在战后将其规模扩大。原本公司应该由哥哥继承，但他在就读大学时接手公司，结果沉重的压力导致他罹患精神病，并在数年后企图自杀。因此，我代替哥哥经营公司，哥哥则成为我的替身，一个人背负着河合家族的命运。换言之，他是我们公司的守护神。

走在通往会场的丸之内街道上，四周非常安静而且令人愉快。我不禁向路旁的银杏树打招呼："Ice blue！"（注：荷欧波诺波诺认为"Ice blue"［冰蓝］一语可帮助清理。）

中午休息时间，我请修·蓝博士在他的新书上签名，并与他分享当天早上的事。修·蓝博士给了我一个喜悦的拥抱。

顺利上完商业课程之后，公司每天会用简讯传来订单报告，而今天的单日订单数是历史上最高的一次。

第四章

零极限让商业大转变

荷欧波诺波诺的商业，最重要的就是"删除信息（过去的记忆），回归零的状态"。所谓零的状态，换一种说法就是透明的状态，即了解自己是谁，并处于一种充满灵感的状态。经营者与员工都透明，就能够从"神性"中获得正确的信息。

与对手双赢的新商业现象

夏威夷疗法荷欧波诺波诺，为什么能与追求利润的商业结合？相信不少人抱着这样的疑问。

我认为在世界陷入经济危机的此刻，零极限的商业手法更会受到瞩目。因为，荷欧波诺波诺正是能够发挥最高效率来经营企业，并产生最大利益的方法。

荷欧波诺波诺的商业，最重要的就是"删除信息（过去的记忆），成为零的状态"。所谓零的状态，换一种说法就是透明的状态，亦即了解自己是谁，并处于一种充满灵感的状态。经营者与员工都透明，就能够从"神性"中获得正确的信息。

企业在透明状态下，每个员工的生产能力都会提高，并抱着责任感来工作。而且，所有的员工朝同一方向行动，依照灵感完成任务。

如果不透明，企业就会呈现无责任的状态，生产力当然会降低，受到事业计划的束缚，也无法获得灵感。于是员工们方向不同，各行其道。

企业组织呈透明状态，意味着"不存在反向能量"。

例如提高生产力的行动与无视成本制造产品的行动，或是减少加班的行动与即使加班也要完成工作的行动，就是所谓反向能量。

反向能量会分别朝反方向走，绝对无法合作。因此，如果没有反向能量，所有能量就能合流，朝着相同的方向前进。

在不透明的状态下，自己想往某一方向走，但却有另外一股能量阻止自己。反之，在透明的状态下，能量朝着同一方向，企业内出现正确的决策、正确的商品、正确的交易、正确的员工，所有工作都可顺利进行。

采取荷欧波诺波诺的商业手法，可收立竿见影之效。

首先，可大幅削减成本。员工的心朝同一方向，意味着可减少许多浪费，生产力也能提高许多，工作自然可以快速达成。

但现在企业中经常可见员工与员工、员工与上司明争暗斗。表面上意志统一，事实上公司内充斥着相反的活动或不同的意见。

今天企业最需要的，就是所有员工朝同一方向，在同一条道路上前进。提到这一点，或许有人会怀疑这在现代严苛的竞争社会中能否办到。但是我绝非主张与竞争社会对抗，而是每一名员工都应以"做真正的自己"为目标。

换言之，做真正的自己，自己的工作才能有所成长。而且，同业其他公司也能同时进步，使整个行业蓬勃发展。

荷欧波诺波诺的商业，是没有竞争对手的。

荷欧波诺波诺的商业，是双赢的关系。

如果自己的企业经营不善，都是因为自己遮蔽了光。

阻碍自己公司向前迈进的，不是同业其他公司，而是自己。

获得最大利益的商业法则

零极限的荷欧波诺波诺可为商业带来什么好处？下面举例

来说明。

假设我们有五个人共同经营公司，如果我对其中一人感到"不满"，那么公司的运作就会受阻，因为光被遮蔽，使公司的营运停滞。

那么，应该怎么做?

在这种状况下，请先反问自己："到底是潜意识中的哪些信息（过去的记忆）成为对那个人不满的原因?"然后自己再将此部分删除。

这个做法可以消除潜意识中引起不满的信息，而对方内在使我感到不满的所有信息也可以被清除。

这样的话，五个人都可以获得灵感，在各自最擅长的领域中，将自己的能力发挥至极致。

最后，公司与个人的能量合流，再度朝同一方向前进。

再举另外一个例子。

五个人接受灵感而工作时，假设其中一人浮现退出的念头，这时，他常会因为"没有其他适合的工作"或"没有适合

2. 创造力因灵感而提高

革新、创意、合作等因灵感而提升。

3. 轻易解决工作上的问题

可以消除引起问题的信息，使工作上的问题轻易解决。

4. 解决工作问题的责任百分之百在自己

"发生的所有事情，百分之百是自己的责任"是荷欧波诺波诺的基本原则。当然，不仅限于自己的问题，公司发生的所有问题，自己也有百分之百的责任。

5. 建立适宜且没有缺点的关系

未来不会产生引发问题的信息，因此能以共存共荣为基础，进行正确而适宜的交易。

6. 放弃期待，能带来意想不到的良好结果

零的状态没有负面的想法，也没有正面的想法，不过于执着，反而能产生意想不到、令人喜悦的结果。不但能达成自己需要的业绩，甚至能带来远超于此的丰硕成果。

7. 使用精神力，学习透明性与达成目的的方法

零的状态是透明的状态，也是能完全发挥精神力的状态。删除了信息的知识，不但能成为"智慧"，维持透明性，更能做出最佳判断，以达成目的。

8. 发现真正的自我，找出与生俱来的才能和工作目标

在零的状态下，能发现真正的自我，找出先天具有的才能。而且，在自己最擅长的领域，可以发挥自己最大的能力。

9. 能消除深植于潜意识中，对自己的计划、目标、决定、结果造成各种影响的负面模式

删除潜意识中的信息，可消除对工作具有不良影响的负面模式。

10. 抛弃"已经了解"的想法，依循灵感行动

在零的状态下，没有对也没有错。放弃执着，依循灵感行动。

11. 学习依循灵感来获得完美解决问题所必需的开放而柔软的姿态

处于零的状态下，不执着于某些事物，放弃一切。这就是开放而柔软的姿态。

荷欧波诺波诺的商业具有上述这些优点。或许有人会质疑："真的这么简单吗?"事实上，全世界有许多人将荷欧波诺波诺应用在商业上，得到了极佳的结果。这是真的。

不过，消除了这种"期待"，才是荷欧波诺波诺的商业。

改变公司的不二法门

企业内出现某些问题时，先反问自己："这个问题是我记忆中的哪一个部分引起的?"然后在心里默念荷欧波诺波诺的四句话，将过去的记忆消除。即使没有特别的问题，平日经常说这四句话，就是荷欧波诺波诺的商业态度。

其次，将清理信息的范围由自己扩大至公司的同事、上司、下属、交易对象、银行等。于是，与商业有关的公司信息全部消除。还有，出于在桌子、电脑、地板、墙壁、天花板上的所有信息都被清理、删除。光是这样，公司和业务就会改变。

因为，公司与宇宙同样是由信息构成的。公司业绩不佳，原因只有一个——公司充满旧的信息，亦即有大量未清除的信息。只要公司内部充满旧的信息，光就会被遮住，无法照射进来。

在旧信息包围的环境下工作，极需体力与意志力，而浪费原本应使用在工作上的力量。如何才能清除残留在公司内的旧信息呢？

请采取我在夏威夷州立医院特别病房的做法，一个人实实在在地进行清理工作。不限于经营者，可由任何一名职员抱持着对公司百分之百负责的态度，来删除旧信息即可。

简单来说，就是"将旧信息从自己的潜意识中删除"。

不需要管理就能激励同仁

说到企业，或许就有人会想到"管理"。上司管理下属，以获得最高的业绩为目标。但是，企业内真的需要管理吗？真的需要管理干部吗?

我相信任何人都不愿受制于人。想想看,当上司说:"无法百分之百信任你;无法将工作全部交给你;我负责管理你;我在监督你。"

或是换一种说法:"我信赖你;全权交给你处理;我认为你的表现非常好;我欣赏你的做法。"

两相比较之下,后者应该更能够激发下属的工作士气吧!

假设你是管理干部,对下属的表现不满意,这时最好反问自己:"我内在是否有什么原因,使下属对职场不满?"若能将此部分删除,下属必能抱着认真的态度,努力工作。

很多人以为管理者的工作是给下属建议,但效果通常不明显,因为下属都听不见意见。与其说"听不见",或许说"不愿意听"更为准确。

这就好比我们给晚辈的建议很少被接受一样。如果对晚辈有什么意见,不如将此部分删除,或许更有效率。这样的话,晚辈会产生自觉,并主动走上正道。

自己达到零极限（开悟），下属也能进入零的状态，双方就可以直接接受对方的最佳信息。以下就举例来说明管理者的工作。

假设你是公司干部，对某个下属的行为感到不满。一开始认为对方"不知道打招呼"，接着是"工作效率不高"，最后对他"业绩不佳"感到不满。

但是，问题的原因不在下属，而是在你自己。

荷欧波诺波诺的基本原则是：包括别人的问题在内，所有事情的责任百分之百在自己。基于负"百分之百责任"的立场，下属出现"不知道打招呼、工作效率不高、业绩不佳"等问题时，原因都在自己。

因此必须先自问："到底是我潜意识中哪一部分的信息引起了下属的问题？"这些信息可以使用荷欧波诺波诺的四句话来删除。

如此一来，或许第二天上午下属就会对你说："早安。"然后再仔细想想，其实他并非效率不佳，只是做事的方法较为慎重而已。经过一段时间，他的业绩也开始逐渐回升。

或者，这名下属经过人事变动，调到其他部门，取而代之的是比他更适合该职务的人。

身为管理者的你，不需要——叮咛，也不必让那名下属辞职，员工们自然会在工作上兢兢业业，或是出现意想不到的人事变动。

由这个例子可以了解，自己成为零的状态后，原本认为无法胜任工作的下属，变成能干的人，或是自然出现最适合某项工作的人才。换言之，自己周围会自然聚集最适合的人。因此，要做的只有两件事。

清理"自己部门发生的事"，形成"百分之百是自己的责任"的态度。

清理部门内的旧信息。问自己："部门内发生的问题，到底是我潜意识中的哪些信息所引起的?"然后将信息删除。

而且，身为管理者的你，如果爱自己、疼惜自己，这种想法必定能扩大至整个部门。

最后，下属都会尊敬你、爱戴你。

我认为这才是真正的管理。

抛开事业计划，开创新格局

有人说现代企业经营的根本就是"事业计划"。

所有大企业都有各自的事业计划，企业向银行融资时，事业计划也是不可缺少的资料。一位银行职员表示，中小企业是否拥有详细的事业计划，决定着该公司的融资金额上限。

在商业界中如此受到重视的事业计划，真的那么重要吗？

人生中会发生许多无法预料的事，这是必然的过程。而公司与人生一样，许多事都无法预知。等到事情发生之后才不知所措，却为时已晚，因为发生的事情已无法改变。

而荷欧波诺波诺的方法就是即使看不见，仍要清理宇宙间不断流动的能量，以化解无法预期的事情。

人的意识中，有心灵、精神、物质三种层面。但是，法人（公司）只处理能够以具体数字预示的营业额、利润等物质层面，要预测心灵和精神领域发生了什么事是非常困难的。相对的，荷欧波诺波诺却能够同时处理心灵、精神、物质这三个层面。

例如，消除潜意识中的信息，进而获得灵感，就属于心灵的领域；所有事件"百分之百是自己的责任"可以说是属于精神领域；至于我在日本的讲座中介绍过的使"身体重新获得平衡"的运动，则属于物质领域。

由此可知，荷欧波诺波诺不仅可以处理营业额、经费、利润等物质层面，还可同时处理心灵和精神领域。因此，即使发生事业计划中没有的突发状况，也能妥善应对，并预测出新的趋势。

反之，仅依据物质领域，亦即根据数字来经营企业的话，"凡事必须依照事业计划来进行"的想法会限制企业的发展。所以，我认为事业计划基本上并没有太大的价值。

如果真的要拟定事业计划，那么基于什么样的动机而进行是最重要的？

是因为要获得灵感而拟定计划，还是将拟定事业计划作为理所当然的事？这两者之间有很大的区别。如果是因为不得不做，而拟定事业计划，这种计划真的能发挥作用吗？

答案是 NO，因此才会发生金融海啸。

我认为如果事业计划能够发挥真正的作用，应该就不至于发生 2008 年的世界性经济危机。就因为过分执着事业计划，因此发生无法预期的状况时，任何人都拿不出应对方法。

但我并非因为如此，就主张"立即停止拟定事业计划"。在公司工作，若处于非拟定事业计划不可的环境，请尽管去做，没有必要在公司标新立异。企业内若存在着所谓事业计划的文化，就不妨继续保持。

不过，在拟定事业计划的过程中，请不要忘记清理信息。要使事业计划成功，持续删除信息是非常重要的。

因零极限而生的商机

或许有人认为，即使每天透过荷欧波诺波诺删除信息，使一切恢复零的状态，可能也很难发挥创造性功能，产生出新的产业，开发出新的商品。

其实，荷欧波诺波诺充满想象力的领域，是能够发挥这种本领，产生出新产业的。零的状态正是产生一切的根源。

以农业和食品业为例，来看看应用荷欧波诺波诺之后，有什么新的发展？

荷欧波诺波诺有各种清理工具，有些单是持有就能发挥效果，有些则只要想象就能删除信息（请参照附录）。

以荷欧波诺波诺为基础，可能会开发出只要食用就能自然进行清理的食品。实际上，已经有企业家打算开发这种食品。

如果出现新的食品产业，就需要产生运送这些革命性食品的新流通网。接下来，也会开发出支援此流通网的电脑系统。而若将这些食品输往海外，与出口相关的新服务也将应运而生。

由此可知，即使只是一种新类型的食品，新形态的相关产业也会逐渐向周边扩大。不过，若要具体地问哪些食物具有清理功能，则必须先食用，再进行清理之后才能了解。即便如此，我也已经知道有几种只要食用就可以进行清理的食物，例如小虾就是其中之一。只要吃这种虾，就能删除与阿尔兹海默症或综合失调症等相关的信息（过去的记忆）。

不久的将来，只要喝咖啡就能删除信息，让喝的人清楚知道自己是谁的时代可能就会到来。届时，世界将发生重大变化。

上面举出农业或食品业的相关例子，可说是全新的商业形态。我认为这就是从零的状态发展出来的商机。所以，从荷欧波诺波诺产生出新的产业，或是在既有产业的基础上开发出新的产品，是非常有可能的。

不过，我们也不必为了此目的，而处于零的状态之中。因为，公司或商业本身也有意识，我们不去干扰，它本身就会做应该做的事情，必要的人才、资金、技术等自然会聚集而来。换言之，应该发生的事就会发生。

唯一要做的就是每天进行清理，以随时从"神性"获得灵感，亦即每天在心里默念荷欧波诺波诺的四句话"对不起、请原谅、谢谢你、我爱你"，持续删除潜意识中的信息。（附录图5：荷欧波诺波诺产生新的商业系统）

体验谈四

16年来最高营业额记录

住友生命保险相互会社支部长　广濑泰彦（佚名）

　　我是一家大型寿险公司的支部长，在现在的部门已任职大约十六年。自从五六年前开始，我在部门内的人际关系出现了问题。为了改善这种状况，我阅读了各种书籍，只要是可能有帮助的方法，我都会去实践。

　　但这样做并没有显著的效果，而且大约两年前开始，部门的人数减少，营业额也持续衰减。当时，我听说乔·维泰利所作的"吸引力法则"的相关书籍中提到荷欧波诺波诺，便立即买来反复阅读，终于恍然大悟，这正是我多年来一直追求的东西。

　　为了更深入学习，我上荷欧波诺波诺网站浏览，知道两个月后将在东京举办日本首次的商业课程，于是我马上报了名。

　　报名之后大概过了一星期，工作方面陆续出现值得高兴的事。

　　我与一位超过一年没有见面的公司老板终于约好时间，而且一口气签下了三个大型合约。

　　我的人际关系也逐渐改善，业绩也明显提升。

　　2008 年 10 月 12~13 日，我参加了荷欧波诺波诺的商业课程。不过，当时我对于如此简单的事情是否真的能发挥效果，还抱着半信半疑的态度。但或许是受到修·蓝博士的魅力影响，他给人一种"可以追随"的安心感，于是我决定去实践这个方法。

　　上完课后没多久就进入 11 月，也就是名为"寿险月"的业务加强月，结果我该月的业绩额创下过去 16 年来的最高纪录。

　　事实上，我并没有下太多工夫，只是每天清理而已。为什么我的业绩却能大幅提升呢？这令我感到不可思议。

　　在公司每个月的营运中，月中会有 4 次结算，加上月底的最终结算，合计共有 5 次。每次到计算日当天，业务员都会签下令人惊讶的大型合约。通常是中午以前还毫无迹象，到了下午突然接到客户电话，并立即签约，幸运的事情不断。

　　在这个重要的月份，每次结算都能交出漂亮的成绩单。到了第二个月，持续出现相同的状况。这只能说是拜荷欧波诺波诺所赐。

　　数天前，它发挥了神奇效果。我与某个新进业务员去拜访一位几乎可确定签约的顾客，没想到却一口被拒绝。到了这个月的最终结算日，这名新人的业绩仍然挂零，最后只剩下实践荷欧波诺波诺一途了。

　　走出客户的家，虽然认为机会不大，我还是决定一试："请删除我潜意识中导致被拒绝的记忆。对不起、请原谅、我爱你、谢谢你。"

一小时过后，我在公司里突然接到这位客户的电话，最终顺利签下了合约。

尽了一切努力被拒绝，却在一小时后签约。这种例子非常罕见。

之后又发生了多次意想不到的事，让人十分惊奇。

实际上，我只是做了下面这些事：

每天上午员工上班前，我会在每个人的椅子上坐一下，对椅子进行清理，同时请求椅子和桌子协助它们的主人。

与办公室的土地、建筑、公司本身、公司的每个房间对话，并进行清理。

在办公室中放置一颗椰子。

就是这些动作带来了令人惊讶的结果。真是不可思议。

第五章

让事业成功的荷欧波诺波诺

重点是能否站在"百分之百是自己的责任"的立场。首先，必须各自确认这一点，然后在自己的岗位上扮演好自己的角色。

清理公司的重要性

荷欧波诺波诺的原则是，除了发生在自己身上的事之外，包括其他人在内，世上发生的所有事情"百分之百是自己的责任"。只要领悟这件事，一瞬间，在你眼里，整个世界都会改变。

换言之，所谓"百分之百是自己的责任"，就是"自己承受一切"，也可以解释为包括他人的人生在内，所有的事情都是发生在自己的人生之中。

了解"百分之百是自己的责任"之后，与家人的关系、金钱关系、人际关系，以及在公司内的工作，都会感觉与过去完全不同了。因为，如果原因在自己之内，就可以自行转化，即一切的根源都在自己。在某种意义上，也可以解释为自己获得了具有无限可能的零极限人生。

单纯从商业来看，我们可以发现荷欧波诺波诺所谓的理想企业，实际上存在于自己的内在。

因此，只要站在"百分之百是自己的责任"的立场上，即使不是公司老板或经营干部，而只是普通职员，甚至是小时工，也能建立一个处于零极限状态的公司，即理想的公司。

要建立理想的公司，亦即让公司恢复零的状态，不仅公司本身、经营者、职员、小时工等公司成员，连公司所在地的土地、建筑物、交易对象等所有相关的自然人人格和法人人格的信息也都必须清除。

或许有人感到惊讶，公司也有人格。公司本身处于开悟的状态，因此它知道真正应该怎么做。我们若能放弃执着，订单自然能源源不断，使营业额不断成长。

但是公司经营者或员工的各种执着或苦恼，往往使公司陷入困境。因此必须清除这些信息（过去的记忆），进行解放。也就是说，应反问自己："到底是自己潜意识中的哪些信息使公司遭遇困难？"然后再将其删除。

当然，也必须清除公司经营者和员工本身的信息，使他们恢复零的状态。换言之，要反问自己："潜意识中的哪些信息使公司的经营者和员工们苦恼?"然后将这些信息删除。而且,在公司里遇到的人也并非偶然相遇,而是为了提醒自己必须进行清理而相遇的。

此时,你的公司运作已相当顺利,并接近零的状态,但是还未尽全功。

接下来,还得为总公司和分公司所在地的土地和建筑物清理。

公司的土地和建筑,从过去到现在,或许会因为在此工作的员工们的种种执着而困扰,土地还可能因为数百年前的战争或纷扰留下的憎恨与恐惧而痛苦。这些过去的记忆都应删除,也就是说,要扪心自问:"自己潜意识中的哪些信息使这个地址(此时心中默念地址)上的土地和建筑物遭受痛苦?"然后将它们删除。

最重要的则是针对交易对象的清理,特别是针对往来银行。

必须清除所有交易对象的信息,亦即自问:"自己潜意识中的哪些信息使这家公司（心中默念公司名称、总公司地址、经营者的名字）遭遇困难?"然后将它们删除。

习惯了清理的方法之后，即使只是浏览书写在纸上的员工名册、营业据点表、交易对象名册等，或是用铅笔尾端的橡皮擦涂抹，也具有相同的效果。

如果未经清理就与人交易，可能会分享到交易对象的信息。因为交易对象公司的信息由它的员工与产品共有，若与该公司的员工接触，或购买该公司的产品，就会共有该公司的信息。这与感冒传染的原理相同。

与拥有巨额利润的优良企业交易的，多半也是优良企业。相对的，亏损企业下的转包公司几乎也都不赚钱。这并不是偶然的。两者之间的差异，就是共有信息的一方为"盈余"，而另一方为"亏损"。

如果经常清除交易对象的信息，它的问题就会消失。而且，持续进行清理，让自己的公司始终保持零的状态，那么不久之后交易对象的信息也能被清除，而达到零极限状态。成为灵光显现的零的状态后，双方形成互相合作、共同成长的关系，并产生利润。

这就是所谓"共存共荣的关系"。

当有人问我经营者最重要的工作是什么时，我会毫不犹豫地回答："清理公司。"这是非常重要的，我想大家也已经了解了。

但是，公司的净化工作不单是企业老板或经营干部的事。

不论管理干部、一般正式员工、派遣员工或是小时工，清理工作同样重要。有时认真的计时员工比不负责任的经营者更能清理公司。

重点是能否站在"百分之百是自己的责任"的立场上。首先，必须各自确认这一点，然后在自己的岗位上扮演好自己的角色。

何谓真正的领导管理？

"善用人才""活用人才"等用语泛滥，但是荷欧波诺波诺所谓的"活用人才",却意味着"使人恢复本来的状态",亦即成为零的状态。

宇宙创造之初是完美的,而宇宙成员之一的人类,被创造出来时也是完美的。

如果现在无法获得自己想要的东西,原因就在于光被信息遮蔽了。但很讽刺的是,制造出这些信息的却是我们自己。

发生问题时,我们常归咎于父母、朋友、学校、公司、同事或上司,甚至是从国家教育制度到经济政策等一切外在原因。

同样的,公司经营不善,或无法达到自己期待的状态,也是因为你自己制造的信息。如果出现问题,绝非员工、经营干部、竞争企业、业界、政府的责任。

分析问题,并不能解决任何问题,最多只能重新检讨没有效果的事业计划,或是拟定加强管理的计划,使员工提高工作欲望而已。

在公司中,若想发挥领导力,我认为站在"百分之百是自己的责任"的立场上，才是真正的领导力，也才能够应对一切状况。

公司业绩不振，不能将责任推给别人，也不可追究别人的责任，应该检视自己内在发生了什么。这才是真正的领导者，真正的领导力。

公司里有一名能百分之百负起责任的领导者，就不需要其他人的管理。

我想没有人喜欢被管理，听到有人说："我在管理你。"没有人会觉得高兴。

我认为领导者实施人的管理，目的是为了放弃百分之百的责任。其实员工更希望听到领导者说："我百分之百信任你！"

实施管理与"我不信任你"具有相同的意义，这会产生反效果。

我们不需要太聪明，只要内心单纯就好。

例如在大学取得博士学位，获得了许多"知识"，但是未必能得到"智慧"。即使在大学里学到各种有关商业的知识，但这也并非"智慧",只是在脑子里塞入了"知识"而已。

所谓"智慧",不是来自过去记忆的重播,而是来自零的信息。只有从零的状态,亦即从"神性"得到的信息,才是我们所要的信息"智慧"。这是原本就存在于我们内在的东西,而且,"智慧"是不能用金钱买到的。

荷欧波诺波诺为经营者、管理干部、员工、交易对象、土地、建筑物等提供了经常清理,使公司达到零极限状态的方法。也就是建立一个能够把我们原本具有的"智慧"发挥到极致的环境。

所有问题的原因都在信息"过去的记忆",这些信息能让你看到对方的问题。

因此,只要有信息,就能够完全体验对方的状态。但是如果你认为责任在对方,那么你就看不到真相。

商业不是单独一人能够完成的。有一起工作的同事,才能形成所谓公司这样的组织。公司是一个家族,也是一个团队。

责任都在你之内。下决心负起百分之百责任的人才能成为领导者，这与他担任什么职务无关。

而负起责任的唯一条件，就是经常且持续地清理。

运用在医疗上效果显著

荷欧波诺波诺对健康也有帮助。

事实上，很多疾病是潜意识中的信息（过去的记忆）被投射在现实社会中而引起的。

因此，经常处于零极限状态，承担一切而生存，就会减小生病的可能性。相反的，被信息洗脑，凡事"必须这样、必须那样"的生活方式很容易引发疾病。还有，潜意识中的疾病信息重播，也会引起疾病。

因此，利用荷欧波诺波诺清理公司，将大幅减少医疗方面的经费。具体地说，教导公司经营者、员工或公司本身如何清理，就可减少医疗保险上的开支，因为糖尿病等成人病的发生率将大幅降低。

夏威夷大学进行过一项临床实验，将高血压患者分成两组，其中一组接受了半天的荷欧波诺波诺课程。结果发现，接受过这个课程的人高血压的数值有所改善。

美国企业将营业额的 15% ~20% 左右作为维护员工健康的预算。也就是说，企业营业额的 15% ~20% 用在医疗上。

仔细思考，这是相当大的一笔损失。如果能降低此部分的费用，就可以将该笔费用转成公司的利润。

关于荷欧波诺波诺对高血压的效果，夏威夷大学的克雷泽博士领导的团队会根据临床实验结果发表研究报告，下面就简单地介绍一下："透过荷欧波诺波诺回归自性本我"作为高血压辅助疗法的效果。

荷欧波诺波诺能帮助企业大幅减少医疗费用，降低成本，克雷泽博士的论文就可以作为参考的例子。

参加这项研究的包括夏威夷人、住在夏威夷的亚洲人，以及其他太平洋群岛的原著居民等，合计 23 人。他们是通过传单、居民集会的宣传、口头或电话传达、网络宣传、地方活动等招募而来。

参加者接受了半天（4个小时）的荷欧波诺波诺学习课程，透过了解自我，在各自的内在建立平衡感，并学习如何正确对待压力。另外，他们在学习"忏悔、原谅、转化"的问题解决方法的同时，还学习如何将此方法带入日常生活之中。

不过课程结束后，他们并未被要求复习或进一步研究荷欧波诺波诺，它完全尊重每位参加者的自主性。

参加者在接受课程之前和之后，反复测量血压，然后依据广义估计方程式来比较测量结果。

血压测量大约每隔一周进行一次，第一次测量是在参加者登陆之时，亦即接受课程的45天前，并跟踪至课程结束的两个月之后。

调查结果显示，接受课程的两个月之后，参加者的收缩压平均比上课前降低了1.86毫米汞柱，舒张压比上课前低了5.44毫米汞柱。

克雷泽博士的论文做了以下的结论：

"在统计和临床上，荷欧波诺波诺都达到了使血压明显降低的效果。它很容易运用于日常生活之中，而且能以很低的成本轻易理解它的内容。另外，它也不会为身体或社会带来风险。荷欧波诺波诺对高血压和高血压前期的病人具有安定的效果，并能使实践者心情平静，不仅对缓解高血压有效果，对其他身体状况也可能带来益处。"

由此可知，活用荷欧波诺波诺，不但有助于维护个人健康，还能帮助企业减少医疗开支。

让女性幸福有助于公司发展

最近发生的经济危机对世界各国的经济造成极大冲击，但如果女性幸福的话，大概就不会发生这种状况。女性若能处于零的状态，世界经济可以立即恢复正常，因此，根本不需要高达数千亿美元的经济对策。

提到经济问题，一般人很容易认为其原因在于经济本身。其实，此次世界经济危机真正的原因是女性没有被疼爱、被重视。女性被男性憎恨或厌恶的"巨塔"开始矗立在世界上，才使得世界经济恶化。

可能有人会反驳："女性与世界问题有何关系？女性对男性的憎恨与经济怎么会扯到一起？"但我希望大家思考一下。

家庭由父母与子女组成。父亲不幸，或母亲不幸，又或是子女不幸，整个家庭就不可能幸福。因为，家族中有人感觉不幸福时，如果不清理，那么信息就会从家庭的各个成员扩散至其他人。

想想看，如果这些信息扩大至整个地球会如何？

女性占了人类的半数。如果女性感觉不幸福，或是对人类另外一半的男性感到憎恨，会有什么后果？一定会发生相当恐怖的事，而现在正是出现了这样的状况。

女性感觉到的信息不仅会传达给男性，更会扩大至全世界。怨叹、悲伤、憎恨、愤怒、无力感等所有负面情绪聚集，接着传给全世界的男性。然后，男性又将这些负面情绪扩大至世界上所有的公司、政府、国家，世界经济当然会受到重大影响，发生经济危机也是无可避免的。

在此次经济危机中，美国三大汽车厂接受政府数千亿美元的援助，并且还要求追加援助。事实上，这些方法并不能解决问题，最有效的方法是消除美国与全世界女性潜意识中长久以来对男性的负面信息，使她们回到零的状态。女性回到零的状态后，就会觉得幸福，男性也会跟着变得幸福，丈夫和子女都会觉得幸福，那么丈夫的公司也就能顺利发展。

家庭中发生了某些问题，代表公司中也发生了某些问题。因为，"家庭"与"公司"会因为自己而结束。相反的，公司里发生的事，也会发生在有关联的家庭中。清理家庭中的问题，通过自己而结合的公司也可以被清理。

因此，女性的角色非常重要。但这并非意味着女性比男性重要，而是指女性应该扮演好女性的角色。这样的话，男性自然也能够发挥好男性的作用。

例如，身为专业家庭主妇的女性消除了家庭内的问题，通过丈夫，同时也能消除丈夫公司内的问题。而如果是职业妇女，清理了公司内的问题，经由自己，同时也清理了家庭内的问题。

因此，我认为女性扮演好她们的角色非常重要。

在企业中，女性原本最适合担任副总经理这种居中协调的职务，但男性却常认为女性不够资格、能力较差，并压制她们。而且，遇到有能力的女性时，男性的嫉妒心往往超过女性。我就曾听日本的经营者说过："没有比男人的嫉妒心更可怕的东西。"

男性充分理解女性角色的重要性，那么女性的角色自然增强，幸福的女性增加，家庭、公司，甚至全世界的经济都会得以改善。

指引公司的"零极限"

佛陀在《般若心经》中说："色即是空，空即是色。"所谓"空"就是零，是指开悟的状态。世上所认知的一切事情都是"空"，在"空"里的事情则是世上的一切。

在清除"欲望"（过去的记忆）成为"空"的状态之后，

我们的灵光就会显现，并带来灵感。

佛陀认为人类的"欲望"是所有痛苦的原因。其中最根本的痛苦就是对生、老、病、死"四苦"的执着，它们成为自己遮蔽、阻挡光的原因。

"欲望"的英文为"desire"，"desire"可以分成"de"和"sire"两部分。"sire"意为"父亲"，"de"则为"分离"。也就是说，"desire"是"离开父亲"的意思。换言之，所谓"欲望"就意味着离开了光，并远离神性。

佛陀说人类的欲望是所有痛苦的根源。此"欲望"之中不只有引起痛苦的问题与负面想法，甚至还包含正面的想法。而佛陀所说的"空"的状态，是指没有任何东西的全新状态，其中当然也没有任何信息（过去的记忆）。

处于"空"的状态中，没有"好"或"坏"，也没有"负面"或"正面"，当然也没有任何想法。没有任何信息的地方是完美的，因为是零的状态，因此能显现灵光。

但是，企业却很难达到零极限的状态。

　　世界顶尖的经营专家或顾问，都不断强调事业计划和管理的重要性。他们不但对零极限状态不屑一顾，反而大力鼓吹要"坚持"已拟定的事业计划——也将其称为公司业务手册化和公式化。

　　听说日本依照手册一成不变的服务，已使消费者厌烦而造成支持率的降低，规格化的外企中也有不少企业业绩持续衰退。除此以外，还有管理干部的问题不断发生。

　　我抵达成田机场，在去往东京饭店的途中，都会经过丸之内的商业区，办公大楼经常到深夜时分都依然灯火通明。在我看来，这时仍在工作的人都是已没有灵魂的躯壳。

　　听说在日本的公司，女性几乎都准时下班，而男性员工，特别是主管级的人则常加班到很晚。这简直非常荒谬。

　　这些主管看起来似乎只是在比赛谁比较晚下班。我怀疑他们晚走是否真的为了工作，因此我才会说他们已魂不守舍。而且。这些公司都是日本代表性企业的总公司或分公司。更令人不解的是，日本企业的管理高层让自己的下属做这样的事，不觉得羞耻吗?

为什么不好好思考如何提高生产力,在规定的时间内完成工作呢?这样男性能够早一点回家,女性也会感到幸福。就像前面说过的,幸福的家庭,公司的业绩才能增长。

如果检验过去一年以"计划"与"管理"为主体的"知识性经营"产生了什么结果,相信你就会感觉到质变的必要性。

未来将是以"灵感"与"自由"为主体的"智慧性经营"时代。

过去的成功经验都是旧的信息,应将这一切归"零"。

"重视家庭"使公司成功

公司成功的秘诀是什么?

我的答案是"重视家庭",即爱自己的家人。

为什么重视家庭,事业也能成功?原因在于"家庭"与"公司"通过自己而结合。当家庭中发生某些问题,公司也会发生问题。相反的,公司发生的事,也会在家中发生。因此,消除家庭中的问题，也可以消除公司的问题。

所以，必须重视家庭。

希望大家不要误解，"重视家庭"并不是指"不加班，尽早回家"。能早些回家固然最好，但所谓"重视家庭"，乃是指爱自己的家人，重视与家人之间的关系。

在此，传授大家一个促进家族关系的方法。

与人说话，最好利用对方睡觉时，因为此时对方的心智也在沉睡，不会发生争论。

例如丈夫可以在妻子睡觉时对她说："谢谢你和我一起生活，也谢谢你为我生下这么优秀的孩子。"然后接着说："如果我伤害了你，真的很对不起，请原谅我。"即使对方是睡着的，实质上不在同一地点也无妨。

这样就可加深自己与家人之间的关系。

更进一步地说，"重视自己"也非常重要。

因为自己是家庭的核心，使家庭与公司结合的也是自己。如果在精神或肉体上不重视自己，公司和家庭都不可能健全。

在这种状态下，家庭不会圆满，公司也不会成功。

如果这就是你目前面临的情况，请从现在起立即爱自己、疼惜自己。先单纯地向你本身的信息说荷欧波诺波诺的四句话——对不起、请原谅、谢谢你、我爱你。

其次，进一步结合自己与内在的潜意识，加深自己与家庭、公司的关系。与潜意识结合的第一步，就是实践我在这里所说的，不论精神或肉体上都爱惜自己。在精神上爱自己，并非单纯地疼爱，还包括了做自己真正想做的事情，不欺骗，说真话。

写到这里，或许有人会问："不想去公司时也可以翘班吗?"不过这与"重视自己"不同。违背自己的良心或本性，就不是爱自己的行为。内心觉得"不好"的事，之后必定会回到自己的身上。

本来，人类单是爱惜自己，就具有让自己生存下来的价值。

不论任何立场、任何时代、任何场所，若能爱自己、充实自己，对宇宙就有很大的贡献。

如此一来，我们就常常会将自己摆在其次，先照顾他人。

真正爱自己、重视自己，才能发挥"百分之百的责任"。而"发挥百分之百的责任"，才能肩负起自己在家庭和公司里的责任。

这正是新时代"使公司成功的秘诀"，也是时代的质变。

自己内心的平静能使家庭平静、公司平静，自己的成功也能使家庭生活成功，并带领公司成功。

使公司成功的秘诀非常简单，任何人都能立即实践。

那就是先要爱自己、疼惜自己，然后重视家庭。

体验谈五

达成困难的不动产交易

IZILLC 社长　卡玛伊雷劳利·拉菲欧维奇

我从大约 19 岁时开始以荷欧波诺波诺作为生活的中心，而且非常幸运的是，我见到了莫娜·纳拉玛库·西蒙那女士，并直接接受她的指导。

我有许多经验想与大家分享，不过本书是以商业为主题，因此我想聊聊最近发生的事——采用荷欧波诺波诺的方法成功完成不动产交易。通过这次的经验，希望大家能体会到荷欧波诺波诺有无限多的实践方式，而且非常容易实行。

数年前，我在夏威夷取得不动产交易与中介的执照。

有一天，我在办公室接到一通电话，是某位长年实践荷欧波诺波诺的女士打来的。

"我打算买一套房子。在清理（意味着她在实践荷欧波诺波诺法）之后，我感觉现在是适合的时机。我仿佛看到一套附有庭院的住宅，院子里种着树和花，而且由我亲自整理庭院。不过，我不知道如何才能实现，你能帮助我吗？"

我回答："当然。"并告诉这位委托人，"让我们一起来清理吧！"

我们多次讨论如何在夏威夷取得不动产，而且也看了不少房子。有一天她打电话来说："我想我已经找到了理想的地点。我在清理之后，涌现了'就是这里'的灵感。"

于是，我打电话给负责处理那栋房子的业者。结果对方回复说，那套房子已经被其他人预定了。我向委托人回复询问的结果，她虽然有些失望，但仍重复地说："我将继续清理，看看会不会有什么变化。"

几个星期后，对方来电表示，我的委托人中意的房子又可以买卖了。我立即拟定合约书，并开始调整完成交易的必要条件。我的委托人不断表示："我不知道能不能成功，但我会持续清理。"

在办手续的过程中，我也听了不少与此交易相关人士的意见。首先，一家著名的不动产中介业者认为"这是绝对值得购买的房子"。某融资业者则向我的委托人表示："我们真的希望你能拥有这套房子，也会全力协助你调度资金，因为我们也可以感觉到你在这套房子里能过得非常安稳。"一家保险公司的话更令人难以置信："你绝对应该买下这栋房子。很遗憾我们无法为你保险，但我们可以介绍其他保险公司给你。"

在整个过程中，我们一直持续清理。委托人和我并非为了交易顺利而实践荷欧波诺波诺，而是希望能产生最正确且合适的结果。由于我们学习并实践荷欧波诺波诺，因此了解到自己的工作都是在清理。我们进行清理，让事情顺其自然地发展，最后产生完美而正确的结果。我们所做的只是清理而已。

直至交易完成的几个月后，我们碰到各种相关行业的从业人员，大家异口同声地告诉我的委托人："你绝对应该拥有它。为了使交易成功，我们会尽一切可能帮助你。"

虽然如此，我们还是遭遇了一些不动产交易上常发生的问题。不过即使发生问题，前景看起来不乐观，我们还是持续进行清理。这时，清理并非期待取得土地和房屋，而是单纯地清理应该清理的事情。

我曾问自己："通过这次的经验，我们应该清理什么？"我的委托人始终忠诚地清理潜意识和意识。也就是说，进行清理，然后将一切交给神性。她内心有时也会出现纠葛、急躁、愤怒，甚至想放弃买房子的计划。但没有多久，她又抑制住自己的情绪，重新整理，并消除期待的念头。对她、对这栋房屋、对所有相关的事物进行清理，然后交给神性——她决定任由正确而完美的事发生。

最后，她终于买下带有美丽院落的房子。迁住新居之后，她也持续清理。渐渐的，她开始向意识请求，以将清理时内心浮现的状况引进自己的意识之中，并向土地、房屋、动物、地球，以及所有的事物说："我爱你、对不起、请原谅。"

荷欧波诺波诺的精髓就是清理。

我们并不是购买土地或房屋，而是通过购买土地和房屋的行为来进行清理。而清理之后，我们任由事情发展，不论成功与否都不在意。结果如何，不得而知。

这里与大家分享的是成功买到自己梦想房屋的例子。我们认为这个案例是成功的，但是如果没有进行清理，我们一定只会将自己的命运交给脑子里不断重复的记忆与经验。我们在购买这栋房屋时，如果没有实践荷欧波诺波诺，可能会陷入悔不当初，或买到错误物品的困境。

荷欧波诺波诺为我们带来依循宇宙法则而产生的原因和结果。我们从自己的生命创造之初到现在，一直制造、累积和接受否定的记忆。如果有这样的感觉，可以利用荷欧波诺波诺来清理这些否定的记忆。

　　非常感谢有机会与大家分享将荷欧波诺波诺引进商业的体验。在此，向阅读本书的读者、印刷公司、编辑、相关业者，以及各公司的所在地、员工、客户和所有消费者，借着清理表示衷心的感谢。

平静！

衷心感谢！

卡玛伊雷劳利

第六章

事业职场问题解答

　　恢复本来的自我，保持平和，就不会有竞争、摩擦、
争夺。重点是，只会出现所有人都胜利的状态，而没有失
败的人。也就是说，荷欧波诺波诺的商业是一种"Win-
Win"（双赢）的关系。

本章将针对如何在职场中实践荷欧波诺波诺，解答大家的疑问。

解决问题的基本方法就是先问自己："到底是自己潜意识中的哪些信息引起某某问题？"然后在心里默念荷欧波诺波诺的四句话，来进行清理。

请注意，清理之后浮现的不安、恐惧、放弃等负面想法，也务必清理掉。

信息是由感情、思考等各种事物层层相叠而成，有时会因为清理了某一层信息，而出现另一层。因此，希望大家不要只清理一次，就觉得因"没什么改变"或"没有效果"而放弃。不单是信息，产生感情或思想时，也要加以清理。这是本章的重点。

问：职场中有"怪异的人"该怎么办？

答：请删去"怪异的人"这样的信息。

这是你潜意识中的信息（过去的记忆）重播所致。换言之，就是你潜意识中关于"怪异的人或事"的信息被重新播放。

要解决这个问题，必须删除你潜意识中有关"怪异的人或事"的信息。

具体的做法是先问自己："到底是我潜意识中的哪些信息使这个人做出怪异的事情？"然后针对这个部分，在心里默念荷欧波诺波诺的四句话"对不起、请原谅、谢谢你、我爱你"，并将它删除。不要把事情想得太困难，就像取出播放中的 CD 一样，只要按下退出键即可。

另外，你也可以在心里想着删除记忆"×"，取代荷欧波诺波诺的四句话。

问：如何才能达成目标？

答：将它删除，或许能达成远超出目标的成绩。

首先，不能为了达成目标而实践荷欧波诺波诺。

不过经过清理之后，或许能得到超出目标五六倍的结果也不一定。

不妨先试着"消除对于目标的压力"，删除你潜意识中认为"达成目标非常困难"的信息（过去的记忆）。

具体的做法是反问自己："到底是我潜意识中的哪些信息使得达成目标变得困难？"然后在心里对这个部分默念"对不起、请原谅、谢谢你、我爱你"四句话，并将它删除。

也可以使用记号"×"取代荷欧波诺波诺的四句话，来将它删除。

问：工作欲望下降时怎么办？

答：请删除"工作欲望下降"的记忆。

这是你潜意识中的信息（过去的记忆）重播所致。换言之，就是你认为"工作欲望正在下降"的信息被重新播放。

要解决这个问题，必须删除你潜意识中"工作欲望正在下降"的信息。

具体的做法是先问自己："到底是我潜意识中的哪些信息导致工作欲望下降？"然后在心里对这部分默念荷欧波诺波诺的四句话"对不起、请原谅、谢谢你、我爱你"，并将它删除。

所有事情都起因于信息，都是因为不必要的信息重播所致，因此只要删除"工作欲望正在下降"的信息即可，或是删除"非提高工作欲望不可"的信息也是一个方法。

另外，也可以用删除记忆"×"来取代荷欧波诺波诺的四句话。

相反的，假设有下属告诉你："今天情绪不佳，完全没有工作欲望。"

　　这时你可以向他说："谢谢。"并进行清理，将对方"工作欲望下降"的想法渐渐消除。

　　具体的做法是先问自己："到底是我潜意识中的哪些信息使下属的工作欲望下降？"然后在心里对这部分默念荷欧波诺波诺的四句话"对不起、请原谅、谢谢你、我爱你"，并将它删除。

　　通过清理你自己的潜意识，或许你的下属在走出你的办公室时就能恢复活力。

问：该怎么做，我的业绩才能成为公司第一？

答：请消除"不能成为第一的理由"。

我要反过来问大家："为什么你没有成为公司第一？"

大概会有各种不同的答案，例如"没有能力、时间不够、技术不足、有强力的竞争对手、没有人脉、不受上司器重"等。

这些理由全都是你的信息（过去的记忆），这一切不过是记忆的重播而已。

如前面所述，信息只有两种，亦即灵感与潜意识的记忆。之所以会出现问题，都是因为这些信息所引起的。

其实你可以将这些信息删除，这样的话，你就会打消成为第一的念头。

然后一切都会好起来，因为心情好转，即可恢复活力，工作就变成非常快乐的事。那么工作当然也一帆风顺，或许很快就可以成为第一。

问：如何增加收入？

答：消除此想法，心情变得平静，优先顺序或许就会改变。

会有这个想法，是因为你潜意识中的信息（过去的记忆）重播所致。换言之，就是你潜意识中"希望收入增加（我认为收入太少）"的信息被重新播放。

具体的做法是先问自己："到底是我潜意识中的哪些信息使自己希望收入增加（或认为自己收入太少）？"然后在心里对此部分默念荷欧波诺波诺的四句话，并将它删除。

也可以在心里想着删除记忆"×"，来取代荷欧波诺波诺的四句话，以成为零的状态。

归零之后，一切便能顺利进行，并确实得到适合自己的成果。这时，优先顺序可能改变，金钱不再被放在首位。也就是说，自己的内心变得平静，而如果内在感到平静，所有的事情便都能得心应手。

问：妻子无法理解自己的工作……

答：请删除"妻子无法理解自己工作"的信息。

这是你潜意识中的信息（过去的记忆）重播所致。换言之，就是你认为"妻子无法理解自己的工作"的信息被重新播放。

要解决这个问题，必须删除你潜意识中认为"妻子无法理解自己的工作"的信息。

具体的做法是先问自己："到底是我潜意识中的哪些信息使妻子无法理解自己的工作？"然后在心里对此部分默念荷欧波诺波诺的四句话"对不起、请原谅、谢谢你、我爱你"，将它删除。

这是针对他人的问题，务必记住的是，并非妻子（他人）有这样的体验，而是自己内在的信息让妻子（他人）这样想。另外，对他人的期待（这里指的是"期待妻子理解自己的工作"）最好也能够清理掉。

问：希望出人头地……

答：首先消除此想法，然后观察结果。

要出人头地有各种方法，一味埋头苦干，未必有用。

你每天持续删除信息（过去的记忆），成为灵光显现的零的状态，也就是恢复"原来的我"的状态，自己的心里就能协调、平静。

当你达到这样的状态后，不论发生任何事，都能保持平静的心情。

宇宙中，处于这种零的状态，亦即开悟的状态的人，也具备自然向上的意图来行动。

因此，现在的公司如果适合你，你自然能获得合适的地位，如果不合适，你必然会被其他公司挖角，最后就能"出人头地"。

问：待业中如何才能找到好工作？

答：不是为了待遇，而是为了成为自己而清理。

这是因为你潜意识中的信息（过去的记忆）重播。换言之，就是你潜意识中"找不到好工作"的信息被重新播放。

具体的做法是先问自己："到底是我潜意识中的哪些信息使自己找不到好工作？"然后在心里对此部分默念荷欧波诺波诺的四句话"对不起、请原谅、谢谢你、我爱你"，以将它删除。

不过，我建议大家不要为了找到好的职业或待遇优厚的工作，而是为了找到适合自己的工作而清理。

问：如何找到令人充满干劲的工作？

答：请删除"找不到充满干劲的工作"的信息。

这是你潜意识中的信息（过去的记忆）重播所致。换言之，就是你潜意识中"找不到充满干劲的工作"的信息被重新播放。

要解决这个问题，就必须删除你潜意识中那样的信息。

具体的做法是先问自己："到底是我潜意识中的哪些信息使自己找不到充满干劲的工作？"然后在心里对此部分默念荷欧波诺波诺的四句话"对不起、请原谅、谢谢你、我爱你"，并将它删除。

成为零的状态后，适合自己的工作，即充满干劲的工作就会出现。抛开这个也想、那个也要的欲望，就能得到一切。

问：忙得没有时间……

答：成为零的状态，就会有宽裕的时间。

清理自己，成为零的状态。

若能达到零的状态，就能调整出最适合的环境，获得宽裕的时间，甚至会有多余的时间。

以上是针对"忙碌"所做的基本答复，另外也有其他解决方法，就是删除你潜意识中"忙得没有时间"的信息（过去的记忆）。

具体的做法是先问自己："到底是我潜意识中的哪些信息使自己忙得没有时间?"然后在心里对此部分默念荷欧波诺波诺的四句话"对不起、请原谅、谢谢你、我爱你"，以将它删除。

另外，也可以用记号"×"来取代荷欧波诺波诺的四句话，将信息删除。

问：无法顺利招募到人才……

答：请删除"招募不到人才"的信息。

这是因为你潜意识中"招募不到人才"的信息被重新重播。换言之，就是你潜意识中"找不到好工作"的信息被重新播放。

要解决这个问题，就必须删除你潜意识中"招募不到人才"的信息。

具体的做法是先问自己："到底是我潜意识中的哪些信息使自己招募不到人才?"然后在心里对此部分默念荷欧波诺波诺的四句话"对不起、请原谅、谢谢你、我爱你"，以将它删除。

由于是你记忆的重播，因此请使用记号"×"，将此信息删除。

这样的话，相信合适的人才就会出现。

问：周遭的同事没有人情味，让人心情苦闷……

答：请删除此信息，从痛苦中解放出来。

这是你潜意识中信息（过去的记忆）重播所致。换言之，就是你潜意识中"同事没有人情味"的信息被重新播放。

要解决这个问题，就必须删除你潜意识中"同事没有人情味"的信息。

具体的做法是先问自己："到底是我潜意识中的哪些信息使周遭的同事没有人情味?"然后在心里对此部分默念荷欧波诺波诺的四句话"对不起、请原谅、谢谢你、我爱你"，以将它删除。

这是一种"痛苦"，请使用删除记号"×"将它消除，就可以从"痛苦"中解放出来。

问：资金调度不顺……

答：请删除资金调度的严重性。

宇宙是由信息构成的。

当某一部分停滞，信息的流动就会受阻，因此，只要删除阻碍信息流动的原因和问题即可。

公司也是由信息构成的。处于开悟状态，或是有盈余的公司，都可以看到光。相反的，摇摇欲坠的公司则无法照射到光。

遮蔽光的正是信息。

对于"资金调度不顺"，经营者都很清楚真正应该怎么做。但是，"资金调度不顺"的"严重性"使人忘了该怎么做。因此，首先必须从清理它的"严重性"开始。

若能再筹到1 000万日元就可渡过难关，这时，首先必须清理"再筹到1 000万日元"想法中的"严重性"。

清理完"严重性"之后，再进入主题——"资金调度的问题"。

"资金调度不顺"的主要原因，是潜意识中的信息被重播所致。换言之，就是你潜意识中"资金调度不顺"的信息被重新播放。

因此要解决这个问题，就必须删除经营者潜意识中"资金调度不顺"的信息。

具体的做法是先问自己："到底是我潜意识中的哪些信息使资金调度不顺?"然后在心里对此部分默念荷欧波诺波诺的四句话"对不起、请原谅、谢谢你、我爱你"，以将它删除。

另外，也可以用记号"×"来取代荷欧波诺波诺的四句话，将信息删除。

问：员工的表现不如自己预期……

答：请删除你的批判。

这是你潜意识中的"员工表现不如预期"的信息被重新播放所致。

具体的做法是先问自己："到底是我潜意识中的哪些信息使员工表现不如预期?"然后在心里对此部分默念荷欧波诺波诺的四句话"对不起、请原谅、谢谢你、我爱你"，以将它删除。

因此，你必须清理自己，而不是企图控制员工。这样的话，相信员工就能自由运作，发挥更高的能力。

另外，也可以用记号"×"来删除。

问：交易对象提出无理要求……

答：请删除"无理要求"的信息。

这是你潜意识中的信息（过去的记忆）重播所致。换言之，就是你潜意识中"交易对象提出无理要求"的信息被重新播放。

要解决这个问题，就必须删除你潜意识中"交易对象提出无理要求"的信息。

具体的做法是先问自己："到底是我潜意识中的哪些信息使交易对象提出无理要求？"然后在心里对此部分默念荷欧波诺波诺的四句话"对不起、请原谅、谢谢你、我爱你"，以将它删除。

因此，这不是交易对象的问题，而是你本身的问题。将它删除后，交易对象就不会再提出无理要求了。

另外，也可以用记号"×"来删除。

问：无法培育出人才，而且员工很快就辞职……

答：请删除有关人才的信息。

这是你潜意识中的信息（过去的记忆）重播所致。换言之，就是你潜意识中"无法培育出人才，而且很快就辞职"的信息被重新播放。

要解决这个问题，就必须删除你潜意识中"无法培育出人才，而且很快就辞职"的信息。

具体的做法是先问自己："到底是我潜意识中的哪些信息导致无法培育出人才，而且很快就辞职？"然后在心里对此部分默念荷欧波诺波诺的四句话"对不起、请原谅、谢谢你、我爱你"，以将它删除。

只要持续删除"无法培育出人才"的信息，员工中就会出现优秀的人才。

另外，也可以用记号"×"来删除。

问：为了业绩衰退而烦恼……

答：请删除"业绩衰退"的信息。

这是你潜意识中的信息（过去的记忆）重播所致。换言之，就是你潜意识中"业绩衰退"的信息被重新播放。

要解决这个问题，就必须删除你潜意识中"业绩衰退"的信息。

具体的做法是先问自己："到底是我潜意识中的哪些信息使业绩衰退？"然后在心里对此部分默念荷欧波诺波诺的四句话"对不起、请原谅、谢谢你、我爱你"，以将它删除。

因为是你内在的"业绩衰退"的记忆重新播放，因此必须将此信息删除。

另外，也可以用记号"×"来删除。

问：如何才能防止纠纷?

答：经常清理就不会发生纠纷。

你如果经常清理自己，就不会发生纠纷。除了纠纷之外，清理还可以预防各种事件的发生。若持续这样做，即使是纠纷，看起来也不像纠纷，而是像值得感谢的建议。

这是针对"纠纷"的基本答复，另外还有其他解决方法。

那就是删除你潜意识中"发生纠纷"的信息（过去的记忆）。

具体的做法是先问自己："到底是我潜意识中的哪些信息造成纠纷?"然后在心里对此部分默念荷欧波诺波诺的四句话"对不起、请原谅、谢谢你、我爱你"，以将它删除。

问：如何才能战胜同业？

答：保持平和，就能获胜。

这是你潜意识中的信息（过去的记忆）重播所致。换言之，就是你潜意识中"人生就是竞争，非胜即败"的信息。

在心里对此部分默念荷欧波诺波诺的四句话"对不起、请原谅、谢谢你、我爱你"，以将它删除。

你若处于光能照射到的零的状态，即恢复本来的自我，就不会有竞争对手。因为，这里只有你自己而已。

恢复本来的自我，保持平和，就不会有竞争、摩擦、争夺。重要的是，只会出现所有人都胜利的状态，而没有失败的人。也就是说，荷欧波诺波诺的商业是一种"Win-Win"（双赢）的关系。

问：对公司的未来感到不安，觉得整个业界没有前途。

答：请删除有关公司与业界前途的信息。

这是你潜意识中的信息（过去的记忆）重播所致。换言之，就是你内心"对公司的未来感到不安，觉得整个业界没有前途"的信息被重新播放。

要解决这个问题，就必须删除你潜意识中"对公司的未来感到不安，觉得整个业界没有前途"的信息。

具体的做法是先问自己："到底是我潜意识中的哪些信息让我对公司的未来感到不安？"然后在心里对此部分默念荷欧波诺波诺的四句话"对不起、请原谅、谢谢你、我爱你"，以将它删除。

另外，也可以用记号"×"来取代荷欧波诺波诺的四句话，将信息删除。

体验谈六

大幅提升灵性治疗能力

Abundantia 株式会社董事长　森惠

我是一名从业 15 年的治疗师。

从小时候起，我就有很强的感受力，看到脸上带着笑容，心里却在生气的人，我立即就能感觉到他们隐藏着的情绪，或为他们感到痛苦。后来，这种能力愈来愈强，还能够指导别人。可是我无法接受这种能力，更因为自己的与众不同而觉得十分孤独。

15 年前，我成为一个两岁小孩的单亲妈妈，在生活束手无策之际，我决定将这种能力应用在帮助别人上。

之后，我开始为委托者进行灵性治疗或精神照顾，尽全力从事这项人生的使命。

下定决心后，我的能力开始大幅扩展，从宇宙获得疗愈的能力，但同时，我的身体也成为"人间净化装置"般的工具，会自动帮助场所或人进行清理，导致身体非常容易疲劳，而令我相当苦恼。

于是，我陷入了两难的困境。我希望多做一些事，而身体却不听使唤。甚至有一段时间，每当工作忙碌时，我的身体状况就会因为恐惧而恶化。

我不喜欢向别人借东西，因此养成了任何物品都自己拥有的习惯。

2008 年 10 月，我参加了首次在日本举办的荷欧波诺波诺商业讲座，看到修·蓝博士向会场和椅子说话的模样，并想起人经常使用的物品里都住着精灵的故事。于是，我也开始对物品说话。

说完话后，可以感觉到房屋和家具回应了我，帮助我清理了任何物品都要自己拥有的习惯。

而且，我认真默念荷欧波诺波诺的四句话后，感觉到了感谢、谦虚、宇宙的支持，身体也变得异常轻快。不仅身体，心灵也变得轻快，原有的烦恼都消失了。

借由这种体验，我相信自己能获得最适合的工作和收入，走上最适合的人生道路。

过去我与平良·贝蒂（荷欧波诺波诺的亚洲代表）谈话时，她告诉我："实践荷欧波诺波诺之后，你所需要的东西都会自动朝你而来。"现在，同样的现象就发生在我的工作和人生中。

不用我费力找寻，工作或事业伙伴都会自动出现。

我将自己难得的体验应用在工作上，为委托者清理时，发现问题、使委托者找回适合自己的人生的时间大幅缩短。

与委托者接触，也可以清理我自己。我很感谢能够获得许多这样的机会。

我将长期以来所进行的对他人的疗愈与对自己本身的

疗愈互相对照，找到了真正的核心，我相信那就是荷欧波诺波诺。

　　谢谢你，我爱你。

附录

图1：光、灵感与记忆

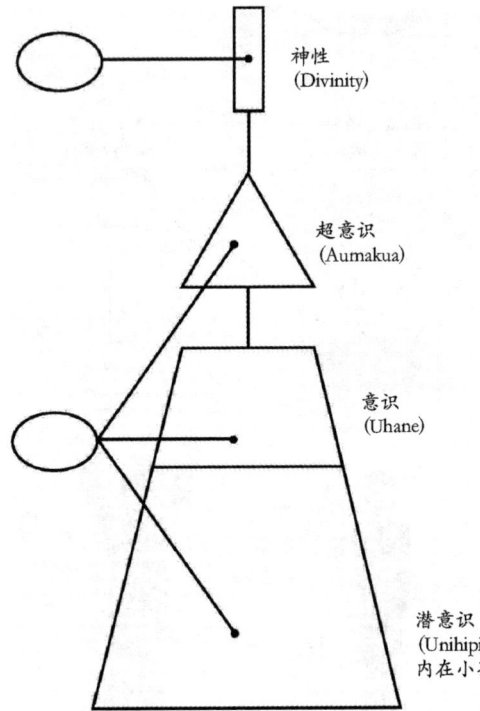

图2：大我意识（"空"的状态）

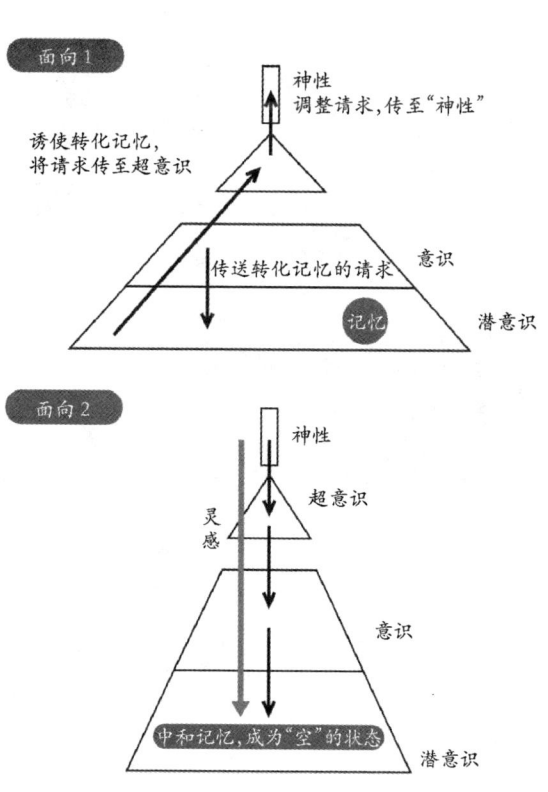

图3：记忆的消除与灵感

以删除键清除病毒后，程序即可顺利运作；
同样的，删除资讯后，人类的意识也可正常运作。

图4：宇宙电脑示意图

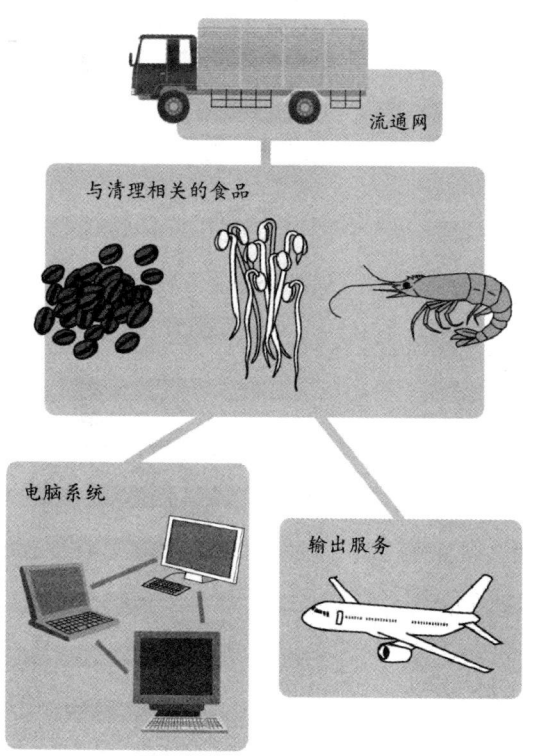

图5：荷欧波诺波诺产生新的商业系统

作者简介：

[美]伊贺列卡拉·修·蓝博士

　　教授解决问题和释放压力的课程长达四十年，曾在夏威夷州立医院担任了三年的临床咨询师，治愈了医院里多名患有精神疾病的罪犯。多年来，他与多个组织的上千人一起工作过，这些组织包括联合国教科文组织、国际人类合一会议、世界和平会议、传统印度医学高峰会、欧洲和平疗愈者，以及夏威夷州立教师协会等。他从1983年起就在全世界教导新版的"荷欧波诺波诺"疗法，曾经三次与夏威夷治疗师莫娜·纳拉玛库·西蒙那一起在联合国介绍此疗法。著有《零极限》《荷欧波诺波诺的幸福奇迹》《阿啰哈》等。

图书在版编目（CIP）数据

富在工作 /（美）伊贺列卡拉·修·蓝，（日）河合政实著；刘滌昭译 .
-- 北京：中国青年出版社，2020.4（2025.5 重印）
ISBN 978-7-5153-5982-3

I.①富…　Ⅱ.①伊…②河…③刘…　Ⅲ.①心灵学—通俗读物 Ⅳ.① B84-49

中国版本图书馆 CIP 数据核字 (2020) 第 043387 号

著作权合同登记号：01-2017-2593
YUTAKA SEIKOU SURU HO'OPONOPONO
© Ihaleakala Hew Len/Masami Kawai 2009
Originally published in Japan in 2009 by Serene co.,ltd.
Chinese (Simplified Character only) translation rights arranged with
Serene co., ltd. through TOHAN CORPORATION, TOKYO.
本作品译文由台湾方智出版社授权中国青年出版社独家使用
中文简体字版权 © 中国青年出版社 2017
版权所有，翻印必究

富在工作

作　　者：[美]伊贺列卡拉·修·蓝 [日]河合政实
译　　者：刘滌昭
责任编辑：吕娜　王超群
书籍设计：瞿中华
出版发行：中国青年出版社
社　　址：北京市东城区东四十二条 21 号
网　　址：www.cyp.com.cn
经　　销：新华书店
印　　刷：山东新华印务有限公司
规　　格：787mm×1092mm　1/32
印　　张：5.75
字　　数：85 千字
版　　次：2020 年 5 月北京第 1 版
印　　次：2025 年 5 月山东第 8 次印刷
定　　价：59.00 元
如有印装质量问题，请凭购书发票与质检部联系调换。联系电话：010—57350337